DOROTHEE EBERT

NIE MEHR „LADIES FIRST"

Erfolgreich unterbewusste
Gedankenmuster erkennen und überwinden

Originalausgabe

1. Auflage 2022

Regina Ebert Verlag

2022, Potsdam

ISBN: 978-3-930685-32-5

Auch als eBook erhältlich

Lektorat: TheAuthorEdit - Tiziana Olbrich

Umschlag: King Triumph – Renz Eli Cacnio

Inhalt: Dorothee Ebert, Frankfurt

Druck & Bindung: Pulsio Print, Paris

Gedruckt in der EU

Dorothee Ebert

Nie mehr
„LADIES FIRST"

Erfolgreich unterbewusste
Gedankenmuster erkennen und überwinden

Für Julius

DOROTHEE EBERT

Inhaltsverzeichnis

Die Definition von Wahnsinn ist, immer das Gleiche zu tun und andere Ergebnisse zu erwarten.

Albert Einstein

Nicht noch so ein Buch

Brauchen wir ernsthaft noch ein weiteres Buch über die armen, unterdrückten Frauen in der Arbeitswelt? Wir leben im 21. Jahrhundert und es hat doch nun wirklich jeder verstanden, dass diverse Teams erfolgreicher sind, dass kein Unternehmen auf das wertvolle Potential von 50% der arbeitenden Bevölkerung verzichten kann und dass Väter genauso gut Windeln wechseln und einkaufen können wie Mütter. Gefühlt vergeht in den meisten deutschen Unternehmen kein Tag, an dem nicht das hohe Lied der Diversität gesungen und die Gleichberechtigung von Mann und Frau proklamiert wird. Und Vorstandssitzungen, in denen stolz verkündet wurde, man habe sich eine Frauenquote von null Prozent gegeben, gehören auch schon seit Längerem der Vergangenheit an. Wir sind so weit gekommen: flexible Arbeitszeitmodelle, geteilte Elternzeiten, Mentoring-Programme für (weibliche) High-Potentials, eine Vielzahl von tollen Role Models und mehr Männer auf Elternabenden in der Schule als Frauen. Viele Unternehmen haben spezielle Förderprogramme für Frauen initiiert, in der Führungskräfteentwicklung wird penibel darauf geachtet, dass Frauen nicht diskriminiert werden, und jedes Unternehmen, das etwas auf sich hält, lobt auf seiner Homepage die Vielzahl an Betreuungsmöglichkeiten für den Nachwuchs der Mitarbeitenden.

Für mich selbst war das Thema Gleichberechtigung jahrelang nicht relevant. *„Wir leben im 21. Jahrhundert! Wir haben doch wirklich dringendere Probleme (Stichwort Klimawandel und so). Wer will denn ernsthaft noch über Diskriminierung am Arbeitsplatz sprechen?"*

Laut Marion Knaths spürt Frau vor allem zum Start ihrer Karriere von diesem Thema so gut wie gar nichts und fühlt sich endlich vollkommen gleichberechtigt.[1] Auf gar keinen Fall möchte man als „Feministin" oder „Emanze" bezeichnet werden. Allein wie das klingt.

Und was sollen die Männer nur denken? Feministinnen sind doch bestimmt die Frauen, die nicht richtig performen und ihre Schwäche hinter irgendwelchen Pseudo-Gleichberechtigungsdebatten verstecken. Zu denen möchte man bestimmt nicht gehören. Soooo schlimm ist es dann ja auch wieder nicht.

Und doch ist der Blick in die Führungsetagen aus weiblicher Sicht immer noch ernüchternd. Weniger als 15% beträgt der Frauenanteil an der Spitze deutscher Unternehmen und der Deutsche Bundestag hat gerade mal knapp 35% weibliche Mitglieder.[2] Alles nur eine Frage der Zeit? Müssen wir einfach nur Geduld haben und dann kommt der „female shift" von ganz allein?

Ich glaube nicht! Denn wenn es nur ein demographisches Thema wäre, dann müssten wir längst weiter sein. Wir alle kennen die Statistiken, die uns jedes Jahr aufs Neue wieder zeigen, dass mehr als 50% der Hochschulabsolventen weiblich sind. Die Studentinnen haben im Schnitt die besseren Noten und bringen alle wichtigen Kompetenzen mit, um unsere transformatorischen Zeiten zu meistern.[3] Und dennoch ändert sich in den obersten Führungsetagen so wenig. Warum?

Macht der Gewohnheit!

Alle genannten Maßnahmen – von Kinderbetreuung, über Mentorenprogramme bis hin zu Role Models – sind wichtig und richtig. Aber sie gehen nicht tief genug. Im wahrsten Sinne des Wortes müssen wir tiefer – viel tiefer. Dahin, wo man mit Logik und Verstand nicht mehr weiterkommt. Wir müssen uns der größten Macht des menschlichen Seins stellen, wenn wir wirklich eine Veränderung herbeiführen wollen. Und diese Macht ist leider nicht sichtbar. Sie lässt sich auf keiner Hochglanzkampagne zum Frauentag ablichten und steht auch in keinem noch so renommierten Podcast Rede und Antwort. Ihre Existenz ist den meisten Menschen gänzlich unbewusst. Und doch bestimmt sie den Großteil unseres Handels. Die Macht unserer Gewohnheiten – die Macht unserer unterbewussten Handlungen.

Wir müssen die Ursachen (und auch die Lösungen) in unserem Unterbewusstsein suchen!

Zahlreiche Studien kommen zum Ergebnis, dass wir zum überwiegenden Teil nach angeborenen, vererbten oder erlernten Mustern agieren. Allein aus

Effizienzgründen schaltet unser Gehirn den Großteil des Tages auf Autopilot und steuert uns so einigermaßen sicher durch die turbulenten Zeiten. Das ist für viele Handlungen sehr ratsam und energiesparend. Es führt allerdings auch dazu, dass wir schnell auf Basis erlernter Stereotypen entscheiden – und oft auch fehlentscheiden. Das gilt für unseren Alltag und für unser Berufsleben. Allerdings sprechen die meisten Unternehmen lieber über konkrete Maßnahmen und offensichtliche Missstände. Sie gehen in der Lösungsfindung selten unter die Oberfläche des Bewussten.

Dieses Buch hat es sich zur Aufgabe gemacht, tiefer zu bohren. Unterbewusste Muster an die Oberfläche zu bringen und für die Diskussion sichtbar und adressierbar zu machen. Denn einen unbekannten Gegner kann man nur schwer bekämpfen.

Defizitäre Frauen

Eine weitere Ursache, weshalb „Frauenförderprogramme" oft nicht wirken, liegt in ihrem Aufbau. Die meisten gehen davon aus, dass Frauen nicht nur

„gefördert", sondern vor allem „geformt" werden müssen. Sie sollen fit gemacht werden für die männlichen Führungsetagen und möglichst souverän in den hierarchischen Machtstrukturen bestehen. Dem liegt die Annahme zugrunde, dass **Frauen defizitär seien und man ihnen das nötige Rüstzeug erst noch mitgeben muss, damit sie es mit den Männern aufnehmen können**. Dies mag über viele Jahrzehnte auch funktioniert haben, weil die Business-Welt sehr gut ohne Diversität und weiblich Arbeitskräfte auskam und bemerkenswert gewachsen ist. Doch in Zeiten, in denen sich gut ausgebildete Frauen vor Anrufen der Headhunter kaum noch retten können, ist das vermeintlich schwächere Geschlecht nicht mehr bereit, sie nach den Vorgaben der Männer zu verbiegen. Sie stimmen mit den Füßen ab, wenn sie das Gefühl beschleicht, das Mentoring-Programm diene eher zur Anpassung an die Unternehmenskultur als zur tatsächlichen Stärkung der eigenen Kompetenz und Fähigkeiten.

Da muss die Personalabteilung mal was machen!

Und noch ein Grund, warum wir seit Jahrzehnten mit der Gleichberechtigung am Arbeitsplatz nicht richtig vorankommen. Diversität ist kein Thema der Personalabteilung! Es ist ein Thema des Top-Managements und muss von allen Mitarbeiter:innen eines Unternehmens gewollt und getragen werden. Frauenförderung betrifft nicht „Frauen und irgendjemand aus HR", sondern alle Personen im Unternehmen – vor allem auch die männlichen. Wenn Sie mehr Frauen in Ihrem Unternehmen und in Ihren Führungsetagen haben möchten, müssen Sie nicht mit den Frauen sprechen, sondern mit den Männern. Dann dürfen Sie das Thema nicht an die Personalabteilung delegieren und ein paar weibliche Role Models ins Intranet stellen, sondern müssen die unterbewussten Stereotypen Ihrer Führungsmannschaft verändern. Dieses Buch gibt das ein oder andere Beispiel dafür.

Ein Kampf gegen Windmühlen?

Oh, liebe Freunde der Logik, ich kann euch jetzt schon hören:

„Wenn doch eh fast alle unserer Handlungen unterbewusst ablaufen, dann lässt sich hier doch sowieso nichts ändern!".

Ich muss gestehen, da ist leider viel Wahres dran. Nur das Wissen um unterbewusste Muster allein, wird die

Welt nicht besser machen. Was wir über Jahrzehnte trainiert und konserviert haben, werden wir nicht eben mal nach der Lektüre eines Buches abschütteln. Unterbewusste Muster aufzudecken und einen direkten Bezug zu unseren Handlungen aufzuzeigen, hilft allerdings enorm, diese zu ändern. Um Verhaltensweise zu verbessern, müssen die Ausführenden mit ihnen konfrontiert werden. Nur so haben sie die Chance zur Selbstreflexion und damit auch zu Veränderung.

If you know better, you do better

Dieses Buch ist ein Versuch, zumindest einen Teil dieser Muster und deren Auswirkungen auf den Business-Alltag sichtbar zu machen. Nicht mehr und nicht weniger! Ich maße mir nicht an, Männer und Frauen in ihrem Verhalten ändern zu können. Jeder kann immer nur sich selbst ändern. Aber wenn jeder Leser und jede Leserin sich auch nur in einem Kapitel „irgendwie ertappt fühlt" und ein paar Minuten über die eigenen (bislang unterbewussten) Muster nachdenkt, dann hat sich diese Sammlung von Anekdoten schon gelohnt.

Denn trotz aller kognitiven Verzerrungen, die unser Handeln beeinflussen, können wir Menschen sehr rational agieren. Wie sagt es Armin Falk in seinem Buch über die Schwierigkeit, ein guter Mensch zu sein, so treffend? *Wir machen Fehler. Aber daraus die Schlussfolgerung zu ziehen, wie seien kognitiv nicht in der Lage, das Richtige zu tun, wäre fatal.*[4] Insofern sind unsere unterbewussten Muster keine Ausrede, um einfach so weitermachen zu können, wie bisher.

Und noch was: Sie dürfen ruhig an einigen Stellen auch mal lachen. Oder den Kopf schütteln. Oder sich aufregen. Männer wie Frauen. Ich möchte niemanden an den Pranger stellen! Und ich habe auch kein schlechtes Bild von Männern. Ich glaube, dass den meisten die Auswirkungen ihrer Kommentare gar nicht bewusst sind. Sie wollen nicht explizit jemandem schaden oder gar verletzten. Und das Gleiche gilt für Frauen! Irgendwie sitzen wir doch alle in diesem Boot der „unterbewussten Muster". Männer, Frauen, Junge, Alte, urbane Hipster und spießige Landeier. Es geht mir nicht um absolute Wahrheiten. Es geht mir nicht um „richtig" oder „falsch". **Es geht darum, dem Unsichtbaren ein Gesicht und dem Unausgesprochenen eine Stimme zu geben.** Und wie diese Stimme klingt, entscheiden Sie mit!

Ich wünsche eine unterhaltsame und bewusste Lektüre.

Wir sehen die Dinge nicht,
wie *sie* sind,
wir sehen sie,
wie *wir* sind.

Anais Nin

ERSTES KAPITEL

Die Sache mit dem Unterbewussten

Eigentlich war es schon immer irgendwie klar: Der Großteil unseres Handelns läuft unbewusst ab. Unser Gehirn würde schier durchdrehen, wenn wir alle Informationen, die den ganzen Tag auf uns einprasseln, bewusst verarbeiten müssten. Stellen Sie sich einmal vor, Sie müssten jeden Atemzug kontrollieren? Sie würden buchstäblich nichts anders mehr machen! Unser Gehirn ist zum Glück so trainiert, dass es alle vitalen Funktionen unseres Körpers unbewusst überwacht, damit wir uns darum nicht (bewusst) kümmern müssen. Denn das wäre richtig viel Arbeit. Unter anderem deshalb sind Yoga, Mediation und Atemübungen so wahnsinnig effektiv zum Stressabbau: Es fordert unsere komplette Aufmerksamkeit, eine unbewusste Handlung wie das Atmen bewusst und kontrolliert durchzuführen. Versuchen Sie mal, bewusst Ihren Atem zu kontrollieren und dabei noch eine komplexe Multiplikation durchzurechnen. Unmöglich! Wir sind für diese Art des Multitaskings nicht geschaffen.

Nobelpreisträger Daniel Kahnmann legt diese Erkenntnisse über seine *zwei kognitiven Systeme* in diversen Arbeiten (u.a. *Schnelles Denken, langsames Denken*) sehr eindrucksvoll dar.[5] *System 1* ist für alles Unbewusste und Intuitive verantwortlich. Über die Entscheidungen, die unser Gehirn im *System 1* trifft, denken wir nicht nach. Sie laufen automatisch und ungesteuert ab. Wir fügen uns den Entscheidungen des *System 1* ohne willentlich gegenzusteuern. Das ist sehr praktisch, weil diese Entscheidungen blitzschnell ablaufen und unseren Körper wenig Energie kosten. *System 2* hingegen ist das, was man gemeinhin als „Denken" bezeichnet. Es handelt sich um komplexere Denkprozesse, für die wir unser „Gehirn einschalten" müssen. Während wahrscheinlich jeder Mensch, der die Grundschule geschafft hat, intuitiv 1+1 ausrechnen kann (*System 1*), erfordert die Multiplikation von 23x78 bei den meisten Menschen eine wahre kognitive Anstrengung (*System 2*).

Die Lösung auf diese mathematische Aufgabe kommt nicht mal eben aus dem Effeff.

Wissenschaftler:innen sind sich mittlerweile einig, dass nur in sehr wenigen Fällen ein *System* völlig autark funktioniert. Die meisten Abläufe in unserem Gehirn sind so komplex, dass es beider *Systeme* bedarf. Aber die grundsätzliche Unterscheidung zwischen den beiden Funktionsweisen hilft, um besser zu verstehen, wie wir ticken – und vor allem, wie wir den Großteil unserer Entscheidungen treffen.

Die meisten unserer Handlungen laufen unbewusst ab – also maßgeblich aus dem *System 1* – und sichern damit unser tägliches Überleben. Versuchen Sie mal ab dem Aufwachen, Ihre Handlungen bewusst zu entscheiden: Stehe ich jetzt auf oder in 10 Sekunden? Werfe ich die Decke nach rechts oder links? Linker Fuß zuerst oder der rechte? Ein Schritt, noch ein Schritt, noch ein Schritt – jetzt eher nach rechts oder links mit dem Fuß? Und dabei das Atmen nicht vergessen. Ich bin mir sicher, dass Sie schon fix und fertig sind bis Sie Ihren ersten Kaffee in der Hand halten. Eine sehr gute Übung, um uns diese unterbewussten Mechanismen immer mal wieder zu vergegenwärtigen, ist es z.B. die Zahnbürste beim Putzen mal in die andere Hand zu nehmen oder das Brot mit der anderen Hand zu schneiden. Sollte ja eigentlich kein Problem sein. Aber auf einmal wird eine so nebensächliche Sache richtig anstrengend.

Ob es sich bei den Handlungen übrigens um **unbewusste** oder **unterbewusste** **Aktionen** handelt, ist gar nicht so leicht abgrenzbar. Im *Lexikon der Psychologie*[6] wird das *Unterbewusstsein* als die Bewusstseinsebene angesehen, deren Inhalte nicht bewusst sind, die aber durch Reflexion bewusst gemacht werden können. Über das Zähneputzen denken wir meist nicht nach – wir könnten es aber. Im Gegensatz dazu ist das *Unbewusste* durch reine Reflexion nicht zugänglich. Also scheint das Unterbewusste eher etwas Gedankliches zu sein, während das Unbewusste eher biologisch erscheint. Eine saubere Abgrenzung, die über jeden Zweifel erhaben ist, scheint es aber derzeit nicht zu geben. Ich überlasse die Auseinandersetzung hierüber denjenigen, die sich damit auskennen, und nutze für dieses Buch die Begriffe weitestgehend synonym. Wichtig ist mir nur, dass wir über den Teil unserer unterbewussten Reaktionen sprechen, den man anhand von Reflexion verändern kann. Sonst wäre jede weitere Zeile dieses Buchs Zeitverschwendung. Wir sprechen über den Teil, der bei uns allen erstmal unterbewusst abläuft und über den wir uns nie Gedanken machen. Aber mit dem richtigen Reiz von außen – einem Buch, einem Gespräch oder einem Film – setzt sich auf einmal ein Prozess in unserem Gehirn in Gange, der uns zum Nachdenken bringt. Was bis eben noch nicht da schien, wird uns auf einmal bewusst. Und **wenn wir von etwas erstmal Kenntnis erlangt haben, dann können wir es nicht mehr ignorieren**. Und genau darauf baut mein Buch: Wenn Sie die ganzen Geschichten erstmal gelesen haben, die alle auf wahren Begebenheiten oder Erlebnissen basieren, dann können Sie diese für absurd oder überzogen halten – aber Sie können sie nicht mehr übersehen.

Ihr Gehirn wird beginnen, mehr und mehr darüber nachzudenken. Und das ist der entscheidende Punkt. Denn per se ist unser Gehirn stark darauf trainiert, immer wieder Abkürzungen zu nehmen und auf gewohnte Muster zurückzugreifen, um weiter zu funktionieren. Diese sind entweder genetisch bzw. biologisch bedingt, um z.B. unseren Körper am Leben zu erhalten, oder speisen sich aus unseren Erfahrungen. Seit unserer frühsten Kindheit sammeln wir ständig Erfahrungswerte, die uns helfen, Entscheidungen intuitiver und somit schneller zu treffen. Wer das erste Mal auf der Fahrerseite eines Autos saß und merkte, wie sich das Auto beim Betätigen des Gaspedals in Bewegung setzte, der war bestimmt überwältig, beängstigt und ganz sicher hochkonzentriert, um bei der – ungeheuren – Geschwindigkeit von 20 km/h niemanden zu verletzten. Nach ein paar Jahren ist dieses Gefühl gänzlich verschwunden und wir erleben Autofahren als etwas sehr Intuitives, das oft ganz nebenbei abläuft. Haben Sie sich jemals dabei ertappt, ins Auto ein- und irgendwann auf der Arbeit ausgestiegen zu sein – ohne wirklich zu wissen, wie Sie hingekommen sind? Da war im wahrsten Sinne des Wortes Ihr **unterbewusster Autopilot** am Steuer.

So weit, so gut. Während in den meisten Fällen, unser Unterbewusstsein uns sicher und einigermaßen unbeschadet durch den Alltag bringt, sorgt es auch dafür, dass wir viele Teile unseres Handelns nicht mehr hinterfragen. Wir greifen in unseren Entscheidungen auf bekannte Muster zurück, um nicht ständig Energie für die Bewertung von Situationen und Menschen aufbringen zu müssen. Was beim Autofahren, Kochen, Bearbeiten von E-Mails und Sporttreiben sehr nützlich ist, hindert uns zugleich in neuen Situationen, eine objektive Bewertung vorzunehmen. Unser Unterbewusstsein sucht binnen Bruchteilen einer Sekunde immer nach Analogien oder Erfahrungen aus der Vergangenheit, die auf die neue Situation angewendet werden können. Das spart unheimlich viel Energie und lässt uns weiterhin schnelle (intuitive) Entscheidungen treffen. Es birgt aber auch den Nachteil, dass wir immer auf Basis unserer unterbewussten Vorprägungen entscheiden – auch wenn diese vielleicht „in Schieflage" geraten sind. In der Psychologie spricht man hier vom sogenannten **Unconscious Bias** – also eine Art „unterbewusste Verzerrung" der Realität. Anstatt unsere Antworten, Meinungen oder unser Handeln bewusst zu reflektieren, entscheiden wir auf Basis verschiedener Biases. Und wir alle haben sie.

Ich denke, also verzerre ich!

Das ist zutiefst menschlich. Nochmal: Unser Gehirn würde durchdrehen, wenn es nicht auf Schubladen, Stereotype oder Klischees zurückgreifen könnte. Für unser unterbewusstes Denken sind diese impliziten Assoziationen wichtige Hilfestellungen, um eigene oder erlernte Erfahrungen schnell in die Praxis umzusetzen.

Diese kognitiven Befangenheiten können sehr vielfältig sein. Bustor Benson hat über 200 verschiedene Biases zusammengetragen und ist sich sicher, dass die Liste noch lange nicht vollständig ist.[7] Wir werden in diesem Buch unterschiedliche Biases aufdecken und adressieren. Hier nun mal ein kleiner Vorgeschmack, um das eigene Verständnis für kognitive Verzerrungen zu schärfen:

Soziale Erwünschtheit (Social Bias) trifft uns alle in der ein oder anderen Situation. Wir kennen die Normen und Werte der Gesellschaft, unseres Arbeitgebers oder unserer Familie und versuchen ganz natürlich, unsere Antworten und unser Handeln daran auszurichten. Nicht zwingend, weil wir daran glauben, sondern vielmehr, weil wie versuchen „dazuzugehören" und „ins System zu passen". Wer hat sich nicht schon mal dabei erwischt, wie er einen Film oder ein Buch „toll fand" – einfach nur, um weiter Bestandteil der Diskussion und der Gruppe sein zu dürfen. Zuhause regt man sich dann auf darüber, dass dieses Stück Literatur den Namen eigentlich gar nicht verdient. Aber sich offen der gängigen Meinung zu widersetzen, wollte man jetzt auch nicht. Der Social Bias tritt auch oft bei Meinungsforschung auf: Befragte antworten nicht zwingend mit der eigenen Meinung, sondern überlegen sich, wie die „beste" Antwort wohl aussehen möge und wählen diese. Man denkt nicht so, wie man wirklich denkt, sondern so, wie man glaubt, dass man zu denken hat. Laut Studien werden Autos beispielsweise auf Basis ihres sparsamen Spritverbrauchs (oder ihres Elektromotors) bzw. der vielen Sicherheitsaspekte gekauft. Insgeheim möchte man mit dem neuen Auto aber auch ein bisschen seinen Status präsentieren und die schnelle Beschleunigung befriedigt das innere Macht- und Überlegenheitsbedürfnis. Aber wer würde das schon gerne in einer öffentlichen Studie kundtun? Dann doch lieber bei der Befragung noch mal auf den großzügigen Kofferraum für die Familienurlaube hinweisen. Klingt einfach besser. Ist sozial eher erwünscht.

Der **In-Group Bias** zeigt, dass Menschen, die der gleichen Gruppe wie wir angehören, automatisch von uns bevorzugt werden. Wir finden Mitglieder unserer Gruppe direkt sympathischer. Und Gruppen können schon auf Basis minimal Gemeinsamkeiten entstehen. So fand Henri Tajfel bereits in den 1970er Jahren durch eine Reihe von Experimenten heraus, dass Menschen sich bereits dann zusammengehörig fühlten, wenn sie z.B. auf Basis eines Münzwurfs in eine Gruppe gesteckt wurden. Binnen weniger Minuten fühlten sie sich den anderen Gruppen überlegen und entwickelten einen In-Group Bias.[8] Und jetzt stellen Sie sich vor, wie ausgeprägt dieser Bias sein kann, wenn es um wirklich bedeutende Themen geht, wie Religion, Nationalität, Ausbildung, Sprache oder Geschlecht. Wir kommen später noch darauf zurück.

Beim **Halo Effekt** schätzen wir eine Person grundsätzlich positiver ein – allein aufgrund einer einzigen positiven Eigenschaft. Wir überschätzen die Leistungsfähigkeit in uns noch nicht bekannten Kategorien, nur weil wir die Person in einer anderen als kompetent wahrgenommen haben.

„Sie ist eine gute Sprecherin in der Öffentlichkeit, also muss sie auch eine gute und geeignete Führungskraft sein."

Wir bevorzugen Menschen, die uns ähnlich sind (**Affinity Bias**) – am besten in möglichst vielen Attributen. Gleiches Geschlecht, gleiche Hautfarbe, gleiche Sprache, gleicher sozialer Hintergrund, gleiche Uni, gleicher Humor usw. „Gegensätze ziehen sich zwar an", aber sie erfordern von uns viel mehr (anstrengende), kognitive (Hirn-)Arbeit, um zu funktionieren. Ständig müssen wir einen für uns energieraubenden Perspektivwechsel vornehmen, um den Standpunkt der „gegensätzlichen" Person nachzuvollziehen. Da greifen wir doch schon lieber auf Bekanntes zurück und folgen dem Sprichwort „Gleich und gleich gesellt sich gern". Das spart Energie und gibt uns die vermeintliche Sicherheit „das Richtige" zu tun. Und besonders praktisch ist es, wenn wir uns für unser Team lauter kleine „Mini-Me's" aussuchen. Die Hoffnung, dass sie uns und wir sie besonders gut verstehen, drängt uns immer wieder unterbewusst und unwillentlich zu dieser Entscheidung. Da haben es die ganzen Studien über die bessere Performance von diversen Teams schwer. Denn diese Information verarbeiten wir bewusst – während der Ähnlichkeitsbias ganz unterbewusst unsere Entscheidung bestimmt. Achten Sie mal in Ihrem und anderen Teams darauf: schon erstaunlich, wie homogen die Gruppen teilweise sind, oder?

Und dieses Buch würde es wahrscheinlich nicht geben, wenn wir nicht alle jeden Tag dem sogenannten **Gender Bias** unterliegen würden. Die unterbewusste Unterscheidung in Frau und Mann führt z.B. dazu, dass wir allen (!) Frauen bestimmte Attribute zuschreiben – selbst wenn wir die Person gar nicht kennen. Frauen werden häufiger als kommunikativ, fleißig und emphatisch eingeordnet. Männer sind dafür ehrgeizig, machtbewusst und durchsetzungsstark. Das mag in vielen Fällen auch stimmen – aber eben nicht automatisch in allen. Und vor allem scheint durch diese unterbewusste Vorsortierung, eine intuitive Kombination aus vermeintlich „weiblichen" und „männlichen" Eigenschaften nahezu ausgeschlossen. Eine Frau, die emphatisch und ehrgeizig ist, erscheint genauso unrealistisch wie ein Mann, der kommunikativ und karriereversessen ist. Und bitte: ich möchte hier nicht proklamieren, dass Männer und Frauen keine Unterschiede hätten. Rein biologisch gibt es da eine lange Liste. Iris Sommer legt in ihrem Buch über weibliche und männliche Gehirne anhand fundierter Forschungsergebnisse sehr deutlich dar, wie sehr sich Männer und Frauen körperlich unterscheiden. *Das weibliche Gehirn ist entschieden anders als das männliche.*[9] Wir werden nicht geschlechtsneutral geboren. Aber unsere Sozialisierung führt dazu, dass auch Eigenschaften, die per se erst einmal geschlechtsneutral sind, besonders stark einem Geschlecht zugeordnet werden. Und desto häufiger man diese Unterschiede betont, desto wahrscheinlicher erscheinen sie. Unser **Gehirn glaubt nahezu alles** – wenn man es nur oft genug wiederholt. Die Politik aus jüngerer oder weiterer Vergangenheit zeigt uns da leider einige sehr erschreckende Beispiele.

Unsere unterbewussten Vorurteile gehen oft sogar noch viel weiter, als wir denken. Unser Gehirn hat so viele Informationen abgespeichert, dass wir es schaffen, allein auf Basis der Vornamen uns ein erstes Meinungsbild zu erstellen.

Machen Sie mal den Test.

Welche spontanen Eigenschaften kommen Ihnen in den Kopf, wenn Sie die folgenden Vornamen lesen? Was verbinden Sie mit der Person? (Keine Angst: keiner wird Sie überprüfen oder bewerten. Die Einschätzungen beruhen ja ohnehin auf Ihrer persönlichen Erfahrung)

Alexander	....
Ayla	....
Anthony	....
Anna	....
Ali	....
Annette	....
Anton	....
Amelie	....
Alois	....
Antigone	....
Aiden	....

Schon erstaunlich, oder? Obwohl Sie die Person ja gar nicht kennen, haben Sie schon ein Bild im Kopf. Entweder Sie kannten mal einen „Alexander" und übertragen automatisch Ihre positiven und negativen Erfahrungen auf alle anderen „Alexander‘“. Oder Sie erliegen gewissen gesellschaftlichen Stereotypen, die wir über Vornamen herleiten. Verschiedene Studien haben herausgefunden, dass Eltern aus bildungsnahen Schichten ihren Kindern oft andere Vornamen geben als jene aus bildungsferneren Milieus. Somit entwickeln sich nach und nach gesellschaftliche Klischees allein über die Namensgebung. Als Anfang der 2000er eine Studie herausfand, dass Lehrer*innen Schüler*innen mit bestimmten Vornamen eine bessere Leistungsfähigkeit zutrauten als anderen, war der Aufschrei damals groß.[10] Wie kann das sein? Das ist doch diskriminierend! Sicher, aber eben auch menschlich. Nur wer beim oben genannten Experiment mit den Vornamen alle Personen gleich eingestuft hat, darf den ersten Stein werfen.

In diesem Buch geht es nicht um *gut* und *schlecht*. Wir sind alle (!) in einem bestimmten Umfeld sozialisiert worden, das wir uns zum überwiegenden Teil erstmal nicht ausgesucht haben. Und die Meinungen, Überzeugungen und Werte, die uns in unserer Kindheit und Jugend geprägt haben, beeinflussen unser Handeln jeden Tag. Das gibt uns Stabilität und Orientierung in dieser immer schneller und komplexer werdenden Welt.

Dieses Buch soll lediglich anhand einiger realer Beispiele aufzeigen, wie diese unterbewussten Muster in der Business-Welt zum Tragen kommen. Genau diese unterbewussten Stereotypen hindern uns daran, eine wirkliche Gleichberechtigung zu erreichen. Und dies gilt für Frauen und Männer gleichermaßen. Denn solange wir zwar kognitiv – also *bewusst* – die Gleichberechtigung von Mann und Frau loben, aber emotional – also *unterbewusst* – unsere tradierten Muster konservieren, wird sich nichts Substantielles ändern. Schon aus Effizienzgründen sucht unser Gehirn immer den Weg des geringsten Widerstands. Wann immer wir können, greifen wir auf die abgespeicherten Muster im *System 1* zurück. Das ist einfach viel bequemer. Wenn wir also wirklich weiterkommen wollen, müssen wir anders an die Sache rangehen.

Nur wenn wir es schaffen, unsere unbewussten Gewohnheiten – die Paradigmen, die wir jahrelange konserviert haben – zu erkennen und zu wechseln, werden wir unser Verhalten tatsächlich erfolgreich ändern. Das gilt sowohl für gescheiterte Diäten, den immer wiederkehrenden Wunsch „endlich sportlicher zu werden" als auch für wiederholte berufliche Misserfolge. Ich kann mir jeden Tag vornehmen, dass ich mich ab morgen gesünder ernähre und mehr Sport treibe.

Aber solange in meinem Unterbewusstsein ein Bild eines entspannten Gläschen Rotweins am Abend auf der Terrasse als Belohnung für einen stressigen Tag verankert ist, wird sich nichts ändern. Ich werde immer wieder in mein bekanntes, erlerntes Muster zurückfallen. Und das Gleiche gilt für traditionelle Rollenbilder. Solange wir jeden Tag aufs Neue unsere bekannten Glaubenssätze über uns und andere bekräftigen, sieht unser kognitives System keinen Anlass zur Veränderung.

Wir proklamieren in der Vorstandssitzung zu Diversity, dass wir mehr Frauen in Führungsetagen brauchen. Aber insgeheim fragen wir uns schon, ob wir den Frauen damit wirklich einen Gefallen tun? Denn wir sehen ja heute schon, wie sehr sie mit Familie und Karriere belastet sind. *„Nicht dass sie am Ende daran kaputtgehen."* Na, finden Sie den Denkfehler? Ich bin mir sicher, dass Sie nach der Lektüre dieses Buches, die Frage anders formulieren würden…

NIE MEHR „LADIES FIRST"

Man sieht oft etwas hundertmal, tausendmal, ehe man es zum allerersten Mal wirklich sieht.

Christian Morgenstern

ZWEITES KAPITEL

Ladies First

„So, wir starten mit einer kurzen Vorstellungsrunde. Ich würde sagen: Ladies first …"

Leider gibt es noch keine Statistik, die ausgezählt hat, wie viele Vorstellungsrunden mit dem weiblichen Geschlecht beginnen. Meine persönliche Vermutung liegt bei weit über 80%.

„Na und? Ich will doch nur höflich sein!"

Das ist schon richtig. Aber neben der vermeintlichen Höflichkeit, laufen unterbewusst verschiedene Muster ab, die genau das Gegenteil bewirken: nämlich Frauen auf eine „sehr höfliche Weise" zu separieren. Nehmen wir die verschiedenen unterbewussten Ebenen mal ein bisschen auseinander:

Die **Trennung der Geschlechter** wird direkt am Anfang des Termins manifestiert und bekommt damit eine Bedeutung, die sie gar nicht haben müsste. Studien mit Schulklassen haben gezeigt, dass sich Geschlechtsunterschiede sehr schnell manifestieren. Während die eine Schulklasse über einige Woche von ihren Lehrkräften konsequent mit „Liebe Mädchen, liebe Jungs" angesprochen wurde, wurde die andere Klasse mit „Liebe Kinder" begrüßt. Dreimal dürfen Sie raten, in welcher Klasse, das Geschlecht eine stärkere Rolle spielte? Allein durch eine geschlechterspezifische Begrüßung fingen die Kinder an, sich stärker nach Geschlechtern zu „sortieren". Sie spielten in den Pausen in geschlechtsspezifischen Gruppen und fingen an, sich vom „andersartigen" Geschlecht zu separieren. Allein durch die Ansprache! Und das waren Kinder: die denken noch nicht über Unconscious Bias nach und überlegen sich, wer später mal die Familie versorgen wird. Natürlich gibt es Unterschiede zwischen Jungs und Mädchen und diese sind Schulkindern auch absolut bewusst. Und es ist durchaus gut und richtig, z.B. auf biologische Unterschiede, die nun mal existieren, entsprechend Rücksicht zu nehmen. Aber durch ständiges Referenzieren auf das Geschlecht erhärtet sich der Gedanke, dass diese Unterschiede überall wichtig sein müssen. In der Folge versucht man unterbewusst immer und überall diese Differenzierung zu vollziehen – auch wenn es überhaupt nicht nötig oder sinnvoll ist. Und bei der Vorstellungsrunde hat das Geschlecht keinen großen Erklärungswert. **Und wenn es wirklich höflich wäre, dann könnte man doch auch mal anderen Gruppen den Vortritt lassen**, oder? Haben Sie schon mal gefragt, ob alle Afro-Amerikaner sich vielleicht zuerst vorstellen wollen? Oder alle Schwaben? Oder alle Hamburger? Müsste doch eigentlich das gleiche Höflichkeitsprinzip sein, oder?

Besonders schräg wird die Vorstellungsrunde dann, wenn man erstmal alle Frauen ein paar Sätze sagen lässt und dann bspw. nach Hierarchie fortführt. Völlig egal, ob unter den Frauen eine Geschäftsführerin, Vorständin, Projektmanagerin oder Professorin ist. Welcher „höflichen" Logik soll das denn bitte folgen? **Wir frühstücken erstmal die paar Frauen ab** (es sind ja meist wirklich nur wenige) und kommen dann zur richtigen Vorstellungsrunde? Warum dürfen Frauen nicht auch nach Leistung, Titel oder Seniorität vorgestellt werden, sondern müssen – der Höflichkeit wegen – in eine Extravorrunde gepackt werden? Innerhalb der weiblichen Introduktion gelten übrigens oft ganz andere Priorisierungskriterien.

„Ach, Fr. Schneider, Sie strahlen mich so an… wollen Sie vielleicht starten?" oder *„Fr. Müller, Sie haben ja so eine schöne Bluse an. Die sticht mir direkt ins Auge. Da müssen Sie jetzt aber auch starten."*

Auf das ständige Kommentieren des weiblichen Aussehens kommen wir später nochmal zu sprechen.

Was aber auch unterbewusst jedem in der Runde klar wird: die Männer geben hier die Regeln vor. **„Von Mannes Gnaden"** ausgewählt, dürfen Frauen sich zuerst vorstellen. Weil der Mann es so will – Entschuldigung – weil er höflich sein will. Er macht jedem in der Runde unmissverständlich klar, dass er die Macht hat und zumindest in der Vorstellungsrunde den Frauen sagt, was sie zu tun haben. Ich höre schon den Aufschrei der Herren, die dieses Buch jetzt am liebsten in die Ecke werfen wollen. Mir ist schon klar, dass sie das nicht bewusst machen und schon gar nicht um Frauen bewusst zu diskriminieren! Deshalb sprechen wir ja darüber. Weil eine bewusste – und sicher in diesem Fall wirklich höflich gemeinte Handlung – manchmal unterbewusst andere Botschaften sendet.

Und um die Männer hier mal in Schutz zu nehmen: **auch Frauen machen das!** Ich habe schon etliche Runden gesehen, in denen die Ranghöchste die Sitzung eröffnet und dann – aus Gewohnheit, Unwissenheit oder falsch verstandener Höflichkeit – ihre weiblichen Mitstreiterinnen zuerst zu Wort kommen lässt. Da zeigt sich sehr schön, dass es sich hierbei um unterbewusste, erlernte Muster handelt, die wir ganz natürlich nutzen, ohne zu merken, dass wir damit den Status quo der Geschlechtertrennung weiter zementieren.

Ich bin – zumindest bei den meisten – Männern (und Frauen), die ich kenne, zutiefst davon überzeugt, dass sie nichts von oben Genanntem bewusst bezwecken. Sie wollen wirklich nur höflich sein und durch ihre betonte Aufmerksamkeit Frauen sogar unterstützen. Aber wie heißt es so schön: Gut gemeint ist oft das Gegenteil von gut.

Und was sollten wir jetzt stattdessen tun?

Zunächst mal: drauf achten! Beobachten Sie sich und Ihr Umfeld mal etwas genauer. Wie oft hören

Sie die berühmten zwei Worte „Ladies First" in der Woche? Führen Sie mal eine Strichliste. Sie werden fasziniert sein, wie weit verbreitet das Phänomen noch ist. Und bei jedem einzelnen Mal achten Sie drauf, wie die Frauen sich verhalten? Nehmen sie freudig den Ball auf? Stellen Sie sich mit einem gequälten Lächeln vor, das vielleicht erahnen lässt, dass sie es gar nicht so toll finden, immer starten zu müssen? Oder lehnen sie es vielleicht sogar ab? In diesem Fall sollten Sie vor allem die Reaktion der erstaunten Männer beobachten. Sie werden überrascht sein, wie irritiert diese sind, wenn sie ihre angestammten Muster auf einmal verlassen müssen.

Danach: vermeiden! Es gibt bestimmt mindestens ein Dutzend toller Möglichkeiten, eine Vorstellungsrunde zu organisieren – ohne auf das Geschlecht zurückgreifen zu müssen. Wenn Sie es gerne traditionell gestalten, dann nutzen Sie wahrscheinlich die Hierarchie (oder die umgekehrte Hierarchie. Übrigens auch ein gern gesehener Ausdruck der eigenen Macht). Sie könnten aber auch fragen, wer schon am längsten im Unternehmen ist, wer am weitesten vom Büro entfernt wohnt oder wer das exotischste Hobby hat. Schöner Nebeneffekt: Sie lernen noch einiges über die Menschen hinter der Berufsbezeichnung. In einem

Konferenzraum kann man die Vorstellungsrunde am Tischanfang beginnen und in Videokonferenzen können Sie natürlich auch die Reihenfolge der Bilder auf dem Bildschirm nehmen (*„Paul, du bist bei mir oben links. Möchtest du starten?"*). Ich warte sowieso schon länger auf einen Zufallsgenerator in den Video-Konferenzprogrammen, der uns diese zeitfressende Entscheidung abnimmt.

Und wenn es doch mal passiert? Nehmen Sie's mit Humor. Oft reicht es schon, wenn man kurz verbalisiert, was hier gerade passiert und den Spieß z.B. rumdreht. *„Ach, Hr. Schmidt, wir leben doch in gleichberechtigten Zeiten. Lassen wir doch die Männer mal starten."* Das hilft zwar nur kurzfristig, weil Sie ja perspektivisch die Trennung nach Geschlechtern nicht in die andere Richtung forcieren möchten. Aber meist ist die Runde dann so irritiert, dass sie zumindest mal kurz drüber nachdenken, was hier eigentlich gerade „schiefgelaufen ist". Denn erst wenn wir uns unserer unterbewussten Muster bewusstwerden, können wir etwas daran ändern! Wenn Sie eine Weile aus „Ladies First" mal „Gentlemen First" machen, werden Sie schon viel Sensibilisierungsarbeit leisten. Und perspektivisch lassen Sie das Geschlecht einfach weg. Das tut hier nichts zur Sache.

Und den sehr hartnäckigen Fällen der männlichen Spezies, die einfach nicht von ihrem liebgewonnen „Ladies First" abrücken wollen, können Sie ja immer noch im Nachgang zum Termin das Kapitel dieses Buches schicken.

Zusammenfassung

Was wir hören:

„Ich würde vorschlagen, wir starten die Vorstellungsrunde: Ladies First!"

Was unser Unterbewusstsein denkt:

* Der Unterschied zwischen Männern und Frauen scheint so fundamental wichtig, dass er direkt am Anfang genannt werden muss.
* Frauen gehören nicht zur eigentlichen Gruppe dazu und sollten daher separiert werden.
* Die klassischen Vorstellungsregeln gelten für Frauen nicht.

Wie wir es ändern können:

Einfach das Geschlecht weglassen und andere Kriterien für die Vorstellungsrunde wählen (z.B. Hierarchie, Alphabet, Tischrunde, Kacheln bei Videokonferenzen).

Wenn Du etwas gesagt haben willst, frage einen Mann.
Wenn Du etwas erledigt haben willst, frage eine Frau.

Margaret Thatcher

DRITTES KAPITEL

Wer hat die schönste Schrift?

Hand aufs Herz: Wer hat als Frau noch nie am Flipchart gestanden? Und zwar nicht, weil man qua Rolle als Moderatorin des Meetings dieses Hilfsmittel nutzen sollten, sondern weil die Gruppe es für offensichtlich hielt, dass man als Frau prädestiniert sei für Dokumentationsaufgaben. Egal, ob in der Schule, an der Uni oder im Job: irgendwie hält sich das Gerücht, dass Mädchen beziehungsweise Frauen einfach „die schönere Handschrift" hätten. Ich bin übrigens Linkshänderin und meine Flipchart-Mitschriften sehen furchtbar aus – obwohl ich eine Frau bin! Interessanterweise sind die Flipcharts meistens so hoch eingestellt, dass man als meist kleinere Frau oft Schwierigkeiten hat, am oberen Rand zu schreiben. Welch eine Erleichterung, wenn sich dann ein hilfsbereiter Mann anbietet, das Arbeitsgerät auf die richtige Höhe zu bringen. So richtig absurd wird das Thema mit „der schönen Schrift" aber erst dann, wenn man in virtuellen Meetings das gleiche Argument beibehält. Dann überträgt sich „schön" auf „schnell" und die unterbewusste Frage heißt nicht mehr „Wer hat die leserlichste Handschrift", sondern „Wer tippt am schnellsten?"

Hier schlägt der **Gender Bias** direkt doppelt zu: Zum einen wird Frauen **mehr Kreativität, mehr Feingeist** und demzufolge auch eine **schönere Handschrift** zugetraut. Ich habe schon Meetings erlebt, wo ernsthaft die Geschäftsführerin eines mittelständischen Unternehmens – aufgrund ihrer vermutet schöneren Handschrift – ans Whiteboard gebeten wurden – ungeachtet ihres Rangs. Und dass obwohl der Raum voll war mit willigen (männlichen) Praktikanten … Zum anderen ist die Hierarchie (unterbewusst) auch nach Geschlechtern geordnet und **Frauen machen nun mal die Assistenztätigkeiten**. Also ran ans Flipchart!

Wie tief verwurzelt diese Abstufung der Tätigkeiten nach Geschlecht ist, zeigt sich an einem Beispiel der frühen Computergeschichte.

Den meisten unter Ihnen dürfte bekannt sein, dass die Leistung der ersten Dampfmaschinen von James Watt in Pferdestärken bemessen wurde. Dies war ein cleverer Schritt, um die Leistungsfähigkeit der neuen Maschinen mit etwas Bekanntem aufzuwiegen. So wurde die Angst vor dem Neuen ein wenig abgemildert und der unmittelbare Nutzen konnte einigermaßen genau kalkuliert werden. Wenig bekannt ist, dass das gleiche Prinzip in der Mitte des letzten Jahrhunderts bei der Kalkulation der Rechenleistung von Computern angewandt wurde. Hier maß man damals nicht in Pferdestärken, sondern in „Mädchen-Stunden" („Girls hours").[11] Ja, ganz richtig: die Angabe "one kilo-girl" sagte aus, dass die Maschine die Rechenleistung von 1000 Frauen hatte. Bevor Computer Maschinen wurden, waren es nämlich Menschen – meist weibliche – die diese Rechnungen vollzogen. Zunächst mit Stift und Papier und später mit Lochkarten. Damals war der Irrglaube, dass „Mädchen nicht so gut rechnen können" wohl noch nicht so weit verbreitet. Sehr empfehlenswert ist in diesem Zusammenhang der *Film Hidden Figures - Unerkannte Heldinnen* aus dem Jahr 2016. Er erzählt von drei afroamerikanischen Mathematikerinnen, ohne deren Können die NASA-Weltraummissionen anders verlaufen wären.

Wenn man sich alte Fotos aus den damaligen „Rechenzentren" anschaut, dann erkennt man erstaunliche Parallelen zur Assistentinnen-Tätigkeit der letzten Jahrzehnte: eine adrett gekleidete Frau vor einer Lochkartenmaschine/Schreibmaschine/ Computer mit manikürten Nägeln und einem starken Mann im Rücken, der ihr sagt, was zu tun ist. Solche Bilder und damit Rollenvorstellungen haben sich tief in unser unterbewusstes kollektives Gedächtnis gebrannt und kommen wohl dann immer wieder hoch, wenn es jemanden braucht, der die Mitschriften erledigt.

Interessanterweise wird die Einheit „Mann" auch zur Bemessung der Arbeitsleistung genutzt. Viele Unternehmensberatungen nutzten diese Bezeichnung, um ihren Aufwand für Projekte gegenüber ihren Kunden darzustellen. In Zeiten, in denen in diesen Berufen fast ausschließlich Männer arbeiteten, war es somit eine durchaus korrekte Möglichkeit, die Arbeitsleistung zu kalkulieren. Offiziell spricht man heute zwar von „Personentagen", aber ich sehe immer noch viele Angebote, in denen der Mann als Maß aller Arbeitsleistung gilt.

Pferdestärken, Mädchen-Stunden und Manntage – hier braucht es jetzt viel kognitive Rechenleistung gegen das eigene Unterbewusstsein, um in dieser Reihenfolge keine Steigerung zu erkennen.

Die Unterteilung der Aufgaben in „höher qualifizierte" und demnach „besser bezahlte" und solche, die quasi ohne größere Ausbildung erledigt werden können, war in unserer Gesellschaft eigentlich schon immer so. Ein Teil der Erklärung für den immer noch andauernden Gender-Pay-Gap liegt ja unter anderem darin, dass Frauen sich (naturgemäß) eher Jobs aussuchen, die schlechter bezahlt werden. Katrine Marcal wirft in ihrem Buch *Mother of Invention* die Frage auf, warum diese Berufe eigentlich weniger wert seien. Sie sieht einen **Zusammenhang zwischen dem Einsatz von Technologie und Werkzeugen, deren Handhabung erst erlernt werden muss, und dem Wert einer Arbeit**. Während Ärzte jahrelang lernen müssen, mit Skalpell und Defibrillator umzugehen, scheinen Hebammen ganz natürlich zu wissen, was zu tun ist, und müssen sich nicht mit „komplizierter Technik" herumschlagen.

Kindergärtnerinnen brauchen zur Ausübung ihres Berufs offensichtlich nicht viel mehr als das, was die Natur für sie (als Mütter) sowieso vorgesehen hat. Wohingegen Männer lange tüfteln müssen, um Maschinen und Geräte zu entwickeln, die unser Wachstum forcieren und unseren Wohlstand sichern.[12] Aufgaben, die Frauen scheinbar mühelos von der Hand gehen, können natürlich nicht so hoch dotiert werden wie solche, die von Männern große kognitive Anstrengungen verlangen. Es scheint fast so, dass die Klassifizierung von Daniel Kahnemann sich auch auf die Bezahlung und Wertschätzung in unserer Arbeitswelt übertragen lässt: Intuitive Abläufe seines sogenannten *Systems 1* sind in unserer Gesellschaft weniger wert als kognitive Aufgaben des *Systems 2*. Und dass, obwohl ohne *System 1* ein Überleben gar nicht möglich wäre. Aber weil es so natürlich und unterbewusst abläuft, nehmen wir es weniger wahr und schätzen es weniger wert. Die Corona-Krise der letzten Jahre hat ironischerweise die Frage nach der Stellung von Berufen, die das täglich Leben sichern, nochmal neu aufgeworfen. Kurzzeitig waren sich alle einig, dass Pfleger:innen, Kassierer:innen und Busfahrer:innen auf jeden Fall besser bezahlt werden müssen. Mit zurückkehrender Normalität ebbte auch diese Diskussion schnell wieder ab. Was aber bleibt, ist die Unterscheidung in Aufgaben erster und zweiter Klasse: Die einen haben grandiose Ideen und die anderen dokumentieren diese am Flipchart.

Was können wir jetzt tun, um die tradierte Aufgabenverteilung zu durchbrechen?

Wenn Sie sich als Frau weigern, ans Flipchart zu gehen, dann gibt es eigentlich nur zwei Reaktionen darauf: Entweder Sie werden als total introvertiert angesehen und sind so schüchtern, dass Sie sich nicht mal trauen, ein paar (diktierte) Wörter an die Wand zu schreiben. Oder Sie sind direkt zickig, weil Sie sich weigern, „dem Vorschlag" zu folgen und jetzt direkt alles wieder kompliziert machen. So oder so, kann man sich fürs nächste Mal merken: *„Total kompliziert und unkooperativ, die Frau!"*.

Dieses Delegieren von „niederen" Aufgaben gilt natürlich nicht nur fürs Protokollieren. Achten Sie mal drauf, wer (ganz automatisch) dafür sorgen wird, dass immer frischer Kaffee auf dem Tisch steht, in Corona-Zeiten regelmäßig gelüftet wird oder „der Mann aus der Technik" geholt wird, weil der Beamer mal wieder nicht funktioniert.

Und auch hier funktioniert der Bias wieder in beide Richtungen: Frau nehmen fast automatisch die (mütterliche) Rolle des „Kümmerers" ein, während Männer ihr diese auch intuitiv zuordnen. Wenn wir die klassischen Rollenmuster wirklich durchbrechen wollen, dann reicht es nicht aus, anzuerkennen wie viele Frauen es jetzt in Führungsetagen geschafft haben, sondern wir müssen auch eher weiblich assoziierten Tätigkeiten den Männern überlassen. Erst wenn es genauso viel Frauen mit einem Assistenten gibt, wie es Männer mit einer Assistentin gibt, hat unser Unterbewusstsein eine Chance, neue Bilder von Arbeitsverteilung abzuspeichern.

In vielen Meetings wird heute schon im Vorfeld besprochen, wer sich um die Mitschriften (am PC oder am Flipchart) kümmern wird. Das ist zwar immer noch eine „Supporttätigkeit" und macht den Rang des Mitschreibenden in der Hackordnung des Meetings für alle klar. Aber es ist weniger deutlich, als wenn die Leitung des Termins spontan in der Runde jemanden auserwählt und ihn oder sie zum Protokollieren degradiert. Desto spontaner diese Auswahl erfolgt, desto offensichtlicher wird für alle, dass dies die „natürliche Position" von Kollege Maier sein muss.

Und wenn Sie im Meeting spontan in die Verlegenheit kommen, jemanden aussuchen zu müssen? Dann versuchen Sie es doch mal mit Kreativität. Ähnlich wie bei den Vorstellungsrunden, in denen zukünftig nicht mehr „Ladies First" sprechen, können Sie sich hier auch andere Selektionskriterien ausdenken. Dauer der Zugehörigkeit zum Unternehmen (ab- oder aufsteigend), Entfernung des Wohnorts zum Tagungsraum oder Handicap beim Golf. Im Grunde ist es auch egal, solange Sie das Geschlecht und andere unterbewusste Klassifizierungen (wie z.B. Nationalität, Alter oder Aussehen) außen vorlassen. Und überlegen Sie kurz, mit welchen Antworten Sie auf Ihre Fragen rechnen dürfen. Wenn die CEO erst seit drei Monaten an Bord ist und damit 14 Tage kürzer als der neue Praktikant, dann müssen Sie sich der Konsequenzen bewusst sein, wenn Sie nach „Unternehmenszugehörigkeit" selektieren wollen und damit die oberste Chefin auf einmal am Flipchart landet.

Lassen Sie Ihrer Kreativität freien Lauf. Die fehlt sowieso an vielen Stellen unseres Arbeitsalltags. Spielen Sie doch eine spontane Runde „Schere, Stein, Papier". Erst die Tischnachbarn und dann die jeweiligen Sieger nochmal gegeneinander und immer so weiter bis Sie einen Sieger haben. Laut Bias-Muster lieben vor allem

Männer Wettkämpfe und gewinnen gerne. Da sollten sie schnell einen Sieger haben. Und solche Spiele lockern die Runden tatsächlich auf und verhindern (zumindest kurzzeitig), dass alle ins Meeting-Koma fallen.

Zusammenfassung

Was wir hören:

„Frauen haben nun mal die schönere Handschrift"

Was unser Unterbewusstsein denkt:

* Frauen sind offensichtlich für bestimmte Aufgaben besser geeignet als Männer.
* Hierzu zählen vor allem koordinierende und administrative Tätigkeiten wie Kaffee nachfüllen, am Flipchart protokollieren oder sich ums Team kümmern.

Wie wir es ändern können:

Die Aufgaben nicht auf Basis des Geschlechts verteilen. Und wann immer jemand Frauen eine schöne Handschrift bescheinigt, vielleicht mal kontern mit *„Übung macht den Meister! Also, mal ran ans Flipchart, liebe Herren."*

Jeder Mensch hat ein Brett vor
dem Kopf.
Es kommt nur auf die
Entfernung an.

Marie von Ebner-Eschenbach

VIERTES KAPITEL

Die Sache mit den Kindern

„So, ich würde vorschlagen, wir starten mit einer kurzen Vorstellungsrunde. Hr. Meier, möchten Sie beginnen?"

Kein „Ladies First"! Sehr gut. Da hat das Buch ja schon mal was gebracht.

„Klar. Mein Name ist Meier, ich bin seit zehn Jahren in verschiedenen Positionen im Controlling tätig. Ansonsten bin ich seit über fünfzehn Jahren verheiratet und habe drei Kinder. Hr. Schmidt, möchten Sie weitermachen?"

„Gerne. Danke Ihnen. Mein Name ist Stefan Schmidt. Ich bin seit über zwanzig Jahren glücklich verheiratet. Ich hoffe, meine

Frau sieht das auch so. [Lachen] *Wir haben drei wunderbare Kinder – na ja Teenager.* [Lachen] *Ich habe alle operativen Bereiche des Unternehmens durch und leite jetzt die Logistik im Haus."*

„Hallo. Ich bin Karl Müller. Ich bin seit etlichen Jahren für den Vertrieb verantwortlich. Bei den Kindern kann ich gut mithalten: ich habe fünf. [anerkennendes Nicken und Raunen aus der Runde]*"*

Spätestens jetzt stellt sich für jede Frau, die Kinder hat, die Frage, ob sie diese in der Vorstellungsrunde erwähnt. In ihrem letzten Coaching hat sie doch eigentlich gelernt, dass sie dieses Detail besser weglässt, damit sie souveräner rüberkommt und sich die Runde mehr auf ihre Kompetenzen im Job fokussiert. Das klingt dann vielleicht so:

„Mein Name ist Claudia Richter und ich bin die Leiterin der Personalabteilung. Im Grunde habe ich mich schon meine ganze Laufbahn mit Fragestellungen der strategischen Personalentwicklung beschäftigt. Und ich freue mich, heute hier zu sein."

Was jetzt automatisch oft folgt: *„Haben Sie Kinder?"* oder auch ein überraschtes *„Haben Sie keine Kinder?"*

„Doch. Zwei."

„Toll! Wie machen Sie das mit der Kinderbetreuung?"

Da sind wir wieder! Zurück in unseren unterbewussten Mustern. **Warum tragen Männer ihre Kinder in Vorstellungsrunden wie Trophäen vor sich her und Frauen verstecken sie lieber, um nicht wieder dumme Fragen beantworten zu müssen?** Können Sie sich an eine Situation erinnern, in der ein Mann erklären musste, wie er Job und Familie unter einen Hut bekommt? Während bei Männern die Losung gilt „je mehr Kinder, desto besser", sollten Frauen sich schon überlegen, ob sie bei so viel Kinderbetreuung ihren Job überhaupt noch ordentlich erledigen können.

Noch schlimmer als Kinder zu haben, ist keine Kinder zu haben

Aber versuchen Sie mal, die Frage nach Kindern mit Nein zu beantworten. So viele mitleidige, unverständliche Blicke bekommt man sonst eher selten. Mädchen sind Mädchen und werden irgendwann zu Frauen. Und Frauen sind Frauen und werden irgendwann zu Müttern. Gute Mütter, Rabenmütter,

Stay-at-home-mums, Helikoptermütter, berufstätige Mütter … Egal, Hauptsache Frau mit Kind. Also besser mit mehreren Kindern. Eines sieht so ein bisschen nach Alibi-Kind aus.

Kinder zu haben verbinden wir in unserer Gesellschaft mit Warmherzigkeit. In einem psychologischen Experiment haben Wissenschaftler herausgefunden, dass Männer und Frauen, die Kinder haben als deutlich warmherziger empfunden werden als jene, die kinderlos sind. Interessant ist aber vor allem, wie sich die Geschlechterwahrnehmung verteilt, wenn man die Variable „Kompetenz" mit abfragt. Dann steigt bei Männern die Kompetenzvermutung, wenn sie ein Kind ins Spiel bringen. Bei Frauen sinkt sie deutlich ab. Im Klartext: Frauen sind entweder warmherzig und weniger kompetent. Oder kompetent und kaltherzig. Nicht gerade die klassische Win-Win-Situation.[13]

Wer kennt nicht die bewundernden und verständnisvollen Blicke, wenn Männer um 16 Uhr das Büro verlassen müssen, um die Kinder abzuholen? Oder der abgehetzte Vater, der noch im Anzug, leicht verspätet zum Elternabend in der Schule erscheint und beim beschämten Betreten des Klassenzimmers anerkennendes Nicken der Runde vernimmt. Aus eigener Erfahrung kann ich sagen, dass ich bei gleicher Situation – im Businesskostüm, zwei Minuten nach Beginn des Elternabends – leider nicht das Gleiche verspüren durfte. Frauen stehen abends noch zwei Stunden in der Küche, um fürs Kita-Fest einen gesunden, veganen, optisch ansprechenden Kuchen zu zaubern und können dann nur hoffen, dass sie mit den anderen Müttern mithalten können. Männer bringen einen Kasten Bionade oder Fanta mit (je nachdem wie gentrifiziert ihr Wohnort schon ist) und sind die großen Helden. Übrigens in den Augen aller: Frauen bewundern diese Lässigkeit ebenso wie Männer und insgeheim fragt sich manche Mutter, warum sie sich eigentlich hier (selbst) so einen Stress macht.

Und was, wenn Männer die Kinderbetreuung übernehmen?

Auch das ist nicht ganz unkompliziert. Denn während Männer bewundert werden, wenn sie zwei Monate Elternzeit nehmen und von einer Reihe junger Mamis auf dem Spielplatz umgarnt werden, ändert sich die Wahrnehmung, wenn sie wirklich dauerhaft die häuslicheren Aufgaben übernehmen. Wie tief verwurzelt unsere unterbewussten Muster sind und wie sehr wir ihnen entsprechen möchten, zeigen psychologische Studien. Männer, die ihren Job der Kinder wegen aufgeben, leiden häufiger an Depressionen und sozialer Isolation als Frauen.[14] Sie kämpfen stärker mit Einsamkeit und erleben im Grunde das, was Frauen in Führungspositionen auch trifft: ihnen fehlen die Gleichgesinnten. Der Wunsch, einer Gruppe anzugehören, die uns möglichst ähnlich ist, besteht bei allen Menschen. Vor allem dann, wenn man der oder die Einzige ist, die nicht zur Gruppe dazugehört.

Es gibt aber einen extrem guten Grund, klassische Rollenmuster zwischen Müttern und Vätern aufzubrechen: Unsere Kinder müssen sich weniger mit den unterbewussten Mustern rumschlagen, als wir es noch tun. Je mehr Mütter arbeiten (und sich nicht quasi alleinerziehend noch um die Kinder kümmern) und je mehr Väter die Last und Freuden der Kindererziehung mit- oder hauptverantworten, desto weniger ausgeprägt empfinden Kinder die Rollenmuster. Durch unser Vorleben haben wir die Chance, neue unterbewusste Muster zu etablieren und zumindest in der nächsten Generation mehr Gleichberechtigung zu erreichen.[15]

Und dieser Ausblick ist es doch allemal wert, sich das nächste Mal auf die Zunge zu beißen, wenn man die nette Kollegin nach ihrem Familienstand befragen möchte. Oder sich den mitleidigen Blick zu ersparen, wenn der neue Kollege ankündigt, dass er ab sofort in Teilzeit arbeiten wird. Und vielleicht lassen wir Familien ihre Haushalts- und Betreuungsfragen einfach zuhause klären und diskutieren sie nicht in willkürlichen Vorstellungsrunden auf der Arbeit? Dann hätten wir auch hier wieder eine Chance, unseren unterbewussten Mustern nicht unkontrolliert nachgeben zu müssen.

Zusammenfassung

Was wir hören:

„Haben Sie keine Kinder?" oder *„Wie machen Sie das mit den Kindern?"*

Was unser Unterbewusstsein denkt:

* Frauen ohne Kinder sind irgendwie keine richtigen Frauen
* Kinderbetreuung ist Frauensache. Klar, der Mann unterstützt, wo er kann. Aber im Grunde gehören Kinder zu ihren Müttern

Wie wir es ändern können:

Beurteilen Sie Frauen nicht nach ihrem Familienstand. Das ist eine sehr private Entscheidung, die keine gerne im Smalltalk diskutieren möchte. Und fragen Sie Männer ruhig häufiger mal, wie sie das mit den Kindern

Dumme Gedanken hat jeder,
aber der Weise verschweigt sie.

Wilhelm Busch

FÜNFTES KAPITEL

Zusammen aufs Klo

Nehmen wir eine – irgendeine – Situation im Berufsalltag, in der mehrere Menschen zusammenkommen. Eine Konferenz, eine Schulung oder ein ganz gewöhnliches Meeting. Sobald mindestens zwei Frauen anwesend sind, sitzen diese (oft unterbewusst) nebeneinander. Die Reaktion der Männer lässt dann meist nicht lange auch sich warten:

„Ach, das war ja klar. Die Mädels sitzen wieder zusammen. Ihr wart doch sicher früher auch gemeinsam auf dem Klo."

Was den meisten Männern in diesem Moment nicht auffällt: sie sitzen auch zusammen! Immer, ganz natürlich, ohne sich zu wundern. Solange nur Männer im Raum sind, fällt es nicht auf, dass wir uns gerne in homogenen Gruppen zusammenfinden. Aber sobald Frauen anwesend sind, wird dieses Phänomen offensichtlich. Beobachten Sie mal Männer, wenn sie in einer Situation in der Unterzahl sind (z.B. auf Bastelnachmittagen in der Kita). Sie werden sich auf ganz natürliche Weise zusammenfinden. Da ist sofort eine gewisse Verbundenheit – auch wenn man sich gar nicht kennt. Das Gleiche passiert, wenn wir an einem Urlaubsort in einem fernen Land Menschen treffen, die aus der gleichen Stadt wie wir kommen. Oder wenn wir in einem Laden von einer Verkäuferin oder einem Verkäufer beraten werden, die oder der uns in irgendeinem Aspekt ähnlich ist: gleiche Haarfarbe, gleiche Statur oder gleicher Dialekt. Dieses Phänomen ist zutiefst menschlich und wird in der Psychologie als **Affinity oder In-Group Bias** beschrieben. Wir neigen dazu, Menschen zu bevorzugen, die uns ähneln. Sie erscheinen uns sympathischer und wir tendieren dazu, ihnen positive Eigenschaften zuzuschreiben, da die Illusion entsteht, dass wir sie bereits gut kennen würden. Das funktioniert besonders gut bei gemeinsamen Äußerlichkeiten, Geschlecht oder

Nationalität. Wir gehen irgendwie automatisch davon aus, dass unser Gegenüber sehr ähnliche Eigenschaften oder Überzeugungen wie wir haben könnte – einfach nur, weil wir spontan eine Gemeinsamkeit gefunden haben.

Und diese Gemeinsamkeit muss nicht mal besonders groß sein. In zahlreichen Studien wurde in den letzten Jahrzehnten gezeigt, dass Menschen sich schon aufgrund minimaler Informationen zu einer Gruppe zugehörig fühlten (**Minimal Group Paradigm**) z. B. weil sie das gleiche Gemälde mochten oder weil sie auf Basis eines Münzwurfs in eine Gruppe einsortiert wurden. Das muss man sich mal auf der Zunge zergehen lassen: Bis vor wenigen Sekunden hatten die Personen nichts miteinander zu tun und dann entscheidet ein zufälliger Münzwurf, in welche Gruppe sie kommen und schon innerhalb weniger Minuten neigen die Personen dazu, ihre eigene Gruppe als überlegen anzusehen. Sie entwickeln ein Gruppengefühl und bevorzugen die Mitglieder ihrer Gruppe gegenüber den anderen. Ein Münzwurf! Wie stark muss dann erst das Zugehörigkeitsgefühl sein, bei etwas das uns so fundamental prägt wie beispielsweise unsere Sprache oder unser Geschlecht?[16]

Wir alle wollen „dazugehören". **Wir fühlen uns sicherer, wenn wir Teil einer Gruppe sein dürfen.** Und dazu sind uns alle Mittel recht. Viele Marken nutzen diesen Effekt, wenn sie eine Art „Community" (Gemeinschaft) um ihre Produkte aufbauen. Irgendwie ist jedem Tesla-Fahrer klar, dass er Teil einer exklusiven, besonderen Gruppe ist, zu der ja eigentlich nur Menschen gehören können, die mindestens mal genauso toll sind wie man selbst. Man kommt sich schon ein bisschen vor wie bei einem großen Familientreffen, wenn man an den Schnellladesäulen steht, und bemitleidet insgeheim die ganzen anderen (E-)Autofahrer, die das nie verstehen können. Fußball-Fans, Apple-Fanatiker oder Sylt-Liebhaber agieren ähnlich: Sie gehören zum auserwählten Club und die anderen eben nicht. Aber was, wenn man offiziell im Club aufgenommen wurde und insgeheim spürt, dass man doch nicht dazugehört?

So geht es vielen Frauen in der Business-Welt. Vor allem in Führungspositionen. **Sie sind zwar da, aber irgendwie nicht dabei**. Sie spüren sehr genau, dass sie es irgendwie in diesen exklusiven Club geschafft haben, aber auch dass dieser Club nach eigenen Regeln spielt, die sie bislang vielleicht noch nicht kannten. Es bleibt das dumpfe Gefühl, dass sich die Gruppe anders verhält, wenn man den Raum verlässt. Dass die Männer die Meinung der anderen Männer höher bewerten – einfach nur, weil sie das gleiche Geschlecht haben. Sie spüren, dass der In-Group Bias hier aktiv ist – nur mit dem Unterschied, dass sie nicht Teil der präferierten Gruppe sind.

Und was passiert nun? Wir fangen an, das Verhalten unseres Gegenübers zu spiegeln, um in dessen Augen sympathischer zu erscheinen. Wir übernehmen instinktiv Gestik, Mimik und beispielsweise Sprachcharakteristika unseres Gegenübers. Dieses „Spiegeln" des Gesprächspartners schafft Harmonie und stärkt die Bindung zwischen beiden Parteien. Unser Bedürfnis, dazugehören zu wollen, bringt uns unterbewusst dazu, das Verhalten der anderen zu imitieren. Das funktioniert besonders einfach, wenn uns das Gegenüber sympathisch und ohnehin schon ähnlich ist. Aber selbst, wenn wir nicht das Gefühl haben, zur Gruppe zu gehören, versuchen wir, durch das Spiegeln, die Unterschiede möglichst gering zu halten.[17]

Dieser Versuch, ständig jemand anders beeindrucken zu wollen, kostet verdammt viel Kraft. Und der Ausgang ist ungewiss. Kann sein, dass es mir gelingt, kurzzeitig oder auch dauerhaft zum Club dazuzugehören. Kann aber genauso gut sein, dass nicht. Da kommt es einem sehr gelegen, wenn man sich mal kurz eine Pause gönnen kann. Indem man selbst eine Gruppe schafft, zu der man passt. Das können zwei Väter auf dem Schulfest sein oder zwei Frauen in einer beruflichen Weiterbildung. Es tut gut zu wissen, dass man zumindest schon mal offensichtlich das Geschlecht gemein hat. Und der Rest ist dann sicher auch sehr ähnlich. Interessanterweise bestätigt die Forschung zum In-Group Bias, dass wir tatsächlich davon ausgehen, Menschen, die uns in einem Attribut (z.B. Geschlecht) ähnlich sind, hätten auch bei anderen Themen Übereinstimmungen.

Und nur, um es einmal explizit ausgesprochen zu haben: Der In-Group Bias kann sehr vielfältig sein. Unser Unterbewusstsein ist recht kreativ, Gemeinsamkeiten zu anderen Personen zu finden (siehe das Münzwurf-Experiment weiter oben). Meine Zuspitzung aufs Geschlecht dient hier lediglich zur Illustration und zur Erklärung bestimmter Situationen, die uns im Berufsleben immer wieder begegnen.

Wenn wir also ein Mitglied unserer Gruppe gefunden haben, dann werden wir intuitiv versuchen, uns in dessen Nähe aufzuhalten. Wir sitzen in der Konferenz nebeneinander, wir stehen beim Empfang am gleichen

Tisch oder treffen uns zufällig beim Frühstück im Hotel. Zu wissen, dass es jemanden gibt, der „meiner" Gruppe angehört, verleiht mir Sicherheit – vor allem wenn die andere Gruppe zahlenmäßig deutlich überlegen ist. Es scheint weniger anstrengend, ins Gespräch zu kommen oder meine Ideen zu erklären. Ich fühle mich sicherer und strahle dies unterbewusst auch aus. Und diese Sicherheit möchte ich so schnell nicht aufgeben. Das heißt, wenn meine „Gruppe" droht sich aufzulösen, dann werde ich unterbewusst dagegen ankämpfen. Wenn die einzige andere Frau auf dem Weg ist, „sich kurz frisch zu machen", dann ist das doch ein optimaler Zeitpunkt, sich ebenfalls kurz auszuklinken. Vielleicht ergibt sich ja auf dem Weg sogar noch die Möglichkeit, die Bindung zu der eigenen Gruppe weiter zu stärken. Wenn zwei Damen gleichzeitig vom „Nasepudern" zurückkommen, hören sie häufig den Spruch „Ach, wie früher in der Schule!". Man fragt sich, warum Männer dieser Tatsache immer so viel Beachtung schenken. Wahrscheinlich steckt hier auch eine starke Verunsicherung dahinter. Warum sind die beiden zusammen weggegangen? Haben sie vielleicht über mich / uns gesprochen? Und wenn ja, was? Der Gedanke ist nicht abwegig. Es kann gut sein, dass die beiden Frauen sich eine Auszeit von ihrem **„Exoten-Dasein"** genommen haben und mal „unter sich" (im

Sinne von „in ihrer etwas homogeneren Gruppe")
sein wollten. Und um noch mehr Gemeinschaft zu
spüren, bietet es sich an, die Unterschiede zur anderen
(männlichen) Gruppe herauszuarbeiten. Im Klartext: ja,
Frauen unterhalten sich durchaus über die abwesenden
Männer. Gruppendynamische Prozesse, an denen
man (ob des falschen Geschlechts) nicht teilnimmt,
müssen irgendwie verarbeitet werden. Und da hilft es,
eine Verbündete zu haben, die im gleichen Boot sitzt.

Aber was mich an dieser Frage immer wieder wundert,
tun Männer das nicht genauso? Wird beim Rauchen
draußen nicht sehr häufig über Nichtrauchende drinnen
gesprochen? Oder spätabends, wenn die letzten beiden
Frauen die Bar verlassen haben, auch über das andere
Geschlecht? Wir suchen uns alle eine Gruppe, zu
der wir gehören können, und verteidigen diese dann
gegen die anderen Gruppen. Also achten Sie doch
beim nächsten Mal, wenn Sie sich wieder wundern,
warum die „Frauen alle zusammenglucken" darauf,
in welcher Gruppe Sie sich gerade befinden!

Zusammenfassung

Was wir hören:

„Die Mädels machen mal wieder alles zusammen.“

Was unser Unterbewusstsein denkt:

* Gleich und gleich gesellt sich gerne: wir suchen die Nähe von Menschen, die uns ähnlich sind
* Das gilt für Männer und Frauen gleicherma-
  ßen. Es fällt nur nicht auf, wenn nur Männer im
  Raum sind. Sobald mindestens zwei Frauen in
  der Gruppe sind, wird das Phänomen sichtbar

Wie wir es ändern können:

Beobachten Sie mal Ihr Verhalten, wenn Sie in
der Minderheit sind. Suchen Sie intuitiv nach
Menschen, die Ihnen irgendwie ähnlich sind
(Geschlecht, Herkunft, Aussehen)? Wenn ja, sollten
Sie besser verstehen, warum Frauen in männerdo-
minierten Runden die Nähe zu anderen Frauen
suchen.   Das sollten Sie nicht
                            kommentieren oder gar
                            verurteilen.

People will forget what you said,
people will forget what you did,
but they will never forget
how you made them feel.

Maya Angelou

SECHSTES KAPITEL

Die weibliche Form von Kopf

„Kollegen, wir sollten in der Präsentation noch die Namen der Personen aufnehmen, die den jeweiligen Bereich leiten. Finanzen ist bei Hr. Meier, Marketing macht doch jetzt der Olaf, oder? Ach ja, und wir haben ja einen neuen Head of Sales –Simone Schmidt. Das muss man jetzt gendern, oder? Wie ist eigentlich die weibliche Form von Kopf?" [großes Gelächter aller Männer, verwirrtes Schweigen bei den Frauen in der Runde.]

Was viele Frauen sich in solchen Momenten frustriert fragen: *Kann man Vollidiot eigentlich steigern oder ist das schon der Superlativ?*

Über den Sinn und Unsinn von Gendern wurde schon so viel geschrieben und debattiert, dass sich gewisse Abnutzungseffekte bei diesem Thema erkennen lassen. Auch bei mir. Eigentlich möchten viele Frauen gar nicht, dass ihr Geschlecht ständig so ins Schaufenster gestellt wird (siehe auch Kapitel: „Ladies First"). Gefühlt erreicht man doch durch das ganze Gendern oft das Gegenteil: Man betont das Geschlecht, obwohl es keine zentrale Rolle spielt und man vermittelt Frauen (und allen anderen Gruppen, die sich durch einen Doppelpunkt oder ein Sternchen angesprochen fühlen müssen), dass sie schon wieder nicht so richtig reinpassen und man ihretwegen die Sprache qualvoll umstellen muss. Wäre es dann nicht eigentlich viel gerechter, wenn man die Sprache einfach so lässt, wie sie ist?

Ganz so einfach ist es leider nicht. Wie so oft lohnt es sich, auch hier etwas genauer hinzuschauen. Denn Gendern ist so viel mehr als nur das sinnfreie Streuen von Doppelpunkten oder Sternchen über einen Text. Es verbirgt sich auch hier – wir ahnen es schon – ein weiteres unterbewusstes Muster, das unsere erlernten Stereotypen in Sprache abbildet. Der sogenannte **Male Bias**. Durch die Verwendung des generischen Maskulinums sind offiziell Frauen zwar mit abgedeckt, aber unterbewusst finden sie trotzdem oft nicht statt. Dem entgegenzuwirken ist u.a. die Aufgabe des Genderns. Aber der Reihe nach …

Deutsche Sprache, schwere Sprache

Fangen wir mal mit den einfachen Fakten an. Wir unterscheiden im Deutschen ein **grammatisches, ein semantisches und ein soziales Geschlecht**. Es heißt *der Teller* und *die Tasse* – das ist Grammatik. Ob sich dabei jemand was gedacht hat oder nicht, weiß ich nicht. Auf jeden Fall brauchen wir hier aber keinen tieferen (Geschlechter-)Sinn zu suchen. Beim semantischen Geschlecht ist jedem klar, ob man hier von „weiblich" oder „männlich" spricht – selbst wenn das grammatische Geschlecht anders lautet. *Das* Mädchen ist klar weiblich – auch wenn es grammatikalisch Neutrum ist. Und dann gibt es noch das soziale Geschlecht. Und hier wird's für unser Unterbewusstsein interessant.

Wer bei Grundschullehrer und Kosmetikern nur an Frauen und bei Elektrikern und Hackern nur an Männer denkt, kann seinem persönlichen Unconscious Bias einen schönen Gruß bestellen. Manche Berufe sind so sehr mit einem Geschlecht verbunden, dass wir immer erst kurz nachdenken müssen, um das jeweils andere Geschlecht auch mitzudenken. Vor allem bei Berufsbezeichnungen wird es für unser Unterbewusstsein in der heutigen Zeit zunehmend schwierig. Die alten Bilder scheinen nicht mehr so gut zu passen. Das generische Maskulinum funktionierte so lange gut, wie es in Führungsetagen wirklich fast nur Männer gab und in Kindergärten nur Frauen arbeiteten. Unsere Sprache spiegelt immer auch unsere gesellschaftlichen Verhältnisse wider ... *und sollte Korrekturen erfahren, wenn sich die individuelle Lebensführung und das Miteinander ändern.*[18]

„Aber das hatte ich doch gemeint."

Sprache ist ein sehr kraftvolles Mittel und erzeugt in unseren Köpfen binnen Millisekunden Bilder, die uns helfen, das Gesagte schnell zu verarbeiten. Diese Bilder sind tief in unserem Unterbewusstsein verankert und daher jederzeit ohne große Mühe abrufbar.

„Jetzt küssen die sich auf offener Straße."

Hand aufs Herz: Wer von Ihnen hat gerade an ein gleichgeschlechtliches Paar gedacht?

„Die drei Piloten standen nach der Landung noch länger zusammen und erzählten vom turbulenten Flug."

Und? Waren in Ihrem Kopf drei Männer, drei Frauen oder eine gemischte Piloten-Crew? Welches Bild wir im Kopf haben, hängt stark von unseren persönlichen Erfahrungen ab. Wenn wir eine Pilotin im Bekanntenkreis haben, dann fällt es uns viel leichter, hier auch mal an eine Frau zu denken. Ansonsten verleitet das generische Maskulinum – also das Verwenden des männlichen Plurals für beide Geschlechter – uns dazu, zunächst mal nur an Männer zu denken. In zahlreichen Studien wurde dieser Effekt des Male Bias untersucht. Werden Versuchspersonen z.B. nach berühmten *Schriftstellern* oder *Musikern* gefragt, nennen sie signifikant mehr männliche Personen, als wenn sie z.B. nach *Musikerinnen und Musikern* gefragt wurden.[19] Und das geht schon in unserer Kindheit los: Wenn Mädchen bspw. eine Liste mit männlichen *und* weiblichen Berufsbezeichnungen vorgelegt wurde, interessierten sie sich mehr für eher männlich typisierte Berufe und trauten Frauen in diesen Berufen auch mehr Erfolg zu als bei einer rein männlichen Bezeichnung.[20]

Man könnte es vielleicht so zusammenfassen: *Anna wird vielleicht eine Ingenieurin, aber sicher nie ein Ingenieur.*

Natürlich lernen wir in der Schule alle, dass, rein grammatikalisch, der männliche Plural die weibliche Form miteinschließt. Aber unser Unterbewusstsein nimmt hier eine Abkürzung und merkt sich nur das Offensichtliche. Erzieher sind eher weiblich und Vorstände eher männlich. Geht schneller und ist ja in den meisten Fällen auch richtig (gewesen). Allerdings zeigen die Studien auch, dass wir durch konsequentes Nicht-Gendern unseren unterbewussten Bias sprachlich weiter verstärken. Und diese Vorstellungen meist ungewollt an die nächste Generation weitergeben. So ganz egal ist es dann wohl doch nicht, ob wir an Wörter ein „*innen*", „*:innen*" oder „ **innen*" dranhängen oder nicht. Wenn wir also möchten, dass unsere Töchter sich später mal für ein Physikstudium interessieren oder Busfahrerin werden wollen und unsere Söhne sich in sogenannten „Care-Berufen" (in der Pflege, der Kindererziehung oder Bildung) nicht als Exoten fühlen, dann sollten wir ihnen sprachlich ein paar passende Bilder aufbauen, mit denen sie sich identifizieren können.

„Das kann doch kein Mensch mehr lesen!"

Grundsätzlich führt ein Sprachwandel immer erstmal zu Irritationen. Unser Unterbewusstsein mag es nicht, wenn wir Erlerntes über Bord werfen sollen. Das kostet viel kognitive Ressourcen, die wir in diesem Moment nicht anderweitig einsetzen können. Durch das Überbetonen des Geschlechts fühlen sich Einige regelrecht belästigt und entwickeln einen Widerstand (Reaktanz), der immer extremer wird. Sie fühlen sich zu etwas gezwungen, das in ihren Augen total unnötig scheint. Daraus entstehen dann solche ironischen Fragen, ob man „Kopf" jetzt gendern muss.

Um dem verwirrten Herrn vom Anfang des Kapitels kurz auf die Sprünge zu helfen: bei „Kopf" handelt es sich um ein grammatisches Geschlecht. Hier darf man also ruhig weiter „der Kopf" sagen und muss mit keiner Diskriminierungsklage rechnen. Dass man mit einer solch absurden Bemerkung sämtliche Bemühungen um ein bisschen Geschlechterneutralität allerdings vollends ins Lächerliche zieht, sollte einem aber in Zukunft doch zu denken geben. Gleichberechtigung fängt im Kopf an und äußert sich in der Sprache. Wer also weiterhin glaubt, dass Frauen nicht in

Führungspositionen gehören, der kann noch so viele weibliche Endungen an Wörter hängen oder Sternchen in seine Reden streuen, wie er will. Er wird seine wahren Empfindungen früher oder später sprachlich verraten. Für alle, die sich nun überlegen, wie sie den Male Bias sprachlich ein wenig reduzieren können, ohne bei einem völlig unleserlichen Text anzukommen, zeigt Christine Olderdissen in ihrem Buch *GENDER-leicht* ein paar Möglichkeiten auf.[21] Hier mal ein kleiner Auszug:

- Die Unterscheidung von Geschlecht ist überhaupt nur bei Menschen sinnvoll. Sie müssen sich also nicht zwingend mit *„der Kooperationspartnerin"* anfreunden (es sei denn natürlich, es handelt sich um eine Frau und nicht um ein Unternehmen)

- Beim männlichen Plural und vor allem bei großen Gruppen, die z.B. keine Berufsbezeichnung beinhalten, denken wir weniger häufig an reine Männergruppen. *„Die Kinobesucher"* sind in den meisten Köpfen bunt gemischt und müssen daher nicht zwingend mit einer *:innen*-Endung versehen werden

- Verlaufsformen und Adjektive im Plural setzen sich zunehmend in der Sprache als geschlechtsneutral durch: *Studierende, Geimpfte* oder *Auszubildende* sind im Sprachgebrauch völlig normal

- Grundsätzlich empfiehlt sich − wann immer möglich − eine geschlechtsneutrale Bezeichnung zu wählen. Warum nicht eine *Fachkraft fürs Controlling* suchen anstelle eines *Controllers* oder einer *Controllerin* bzw. eines *Controllers (m/w/d)*

Wer jetzt nach einfachen Regeln sucht, wird leider enttäuscht. Dauerhaftes Einstreuen von Sternchen und Doppelpunkten wirkt schnell ermüdend und erzeugt eher Reaktanz statt Akzeptanz. Manchmal ist einfach ein bisschen Kreativität gefragt, um die ständige Nennung beider Geschlechter bzw. der regelkonformen Schreibweise mit Interpunktion zu umgehen. Wichtiger als die vermeintlich politisch korrekte Formulierung ist in meinen Augen zunächst einmal das Bewusstsein für den eigenen Bias zu schärfen. Achten Sie doch in Zukunft mal darauf, welche Assoziation Sie vor Ihrem inneren Auge haben, wenn Sie vom Aufsichtsrat, der Ärzteschaft oder der Chefetage sprechen. Sollten Ihnen hier regelmäßig nur Männer in den Sinn kommen, ist es vielleicht an der Zeit, in der eigenen Formulierung die Frauen ein wenig expliziter auftauchen zu lassen. Und Sie werden feststellen, dass die Bilder sich mit der Zeit ändern und Ihr Unterbewusstsein nicht mehr kurz innehalten muss bei dem Versuch, den vermeintlichen Fehler in der Formulierung „einer Vorständin" oder „eines Kindergärtners" zu korrigieren.

Zusammenfassung

Was wir hören:

„Diesen Gender-Wahn mach ich nicht mit." Oder *„Die Frauen sind natürlich immer mitgemeint."*

Was unser Unterbewusstsein denkt:

* Wenn wir „Arzt" sagen, denken wir an Männer. Und vielleicht im zweiten Schritt auch noch an Frauen
* Unsere Sprache beeinflusst unser Denken – und umgekehrt. Es ist nicht egal, wie wir sprechen

Wie wir es ändern können:

Gerade bei Berufsbezeichnungen prägen wir durch konsequentes Nicht-Gendern die unterbewussten Stereotypen weiter aus. Achten Sie vor allem bei Berufen und Titeln darauf immer alle Geschlechter zu berücksichtigen oder eine umschreibende Formulierung zu wählen. Die nächste Generation wird es Ihnen mit weniger Vorurteilen danken.

Mensch: das einzige Lebewesen,
das erröten kann.
Es ist auch das Einzige, das
Grund dazu hat.

Marc Twain

SIEBTES KAPITEL

An der Bar

Kommen wir zu einem der meiner Meinung nach
schwierigsten Themen in diesem Buch.

Wenn nach Feierabend das Büro gegen ein Restaurant,
eine Bar oder eine andere informelle Location getauscht
wird, erwachen nämlich – wie aus dem Nichts – weitere
unterbewusste Muster. Diese hatten wir in der meist sehr
sterilen und wenig inspirierenden Umgebung unserer
Büros schon für tot geglaubt. Mit den unterbewussten
Mustern dieses Kapitels – beziehungsweise deren
Manifestation in der physischen Welt, vor allem
unter dem Einfluss von Alkohol – sind Frauen wie

Männer höchstwahrscheinlich bestens vertraut. Sie reichen von seltsam direkten Komplimenten über nett gemeinte „Gesten" auf der Tanzfläche bis hin zu sexueller Belästigung. Die Regeln beim „Überschreiten einer Grenze" sind in den meisten Unternehmen klar definiert: von deutlichen Gesprächen mit der Personalabteilung, über Abmahnung bis hin zu Kündigung. Allerdings scheint die „Grenze", die man nicht überschreiten sollte, oft nicht ganz so klar zu sein. Wahrscheinlich weil auch in diesem Fall ein gewisses erlerntes Bias unsere Interpretation dessen was „normal" ist oder sein sollte, beeinflusst.

Also schauen wir uns doch einmal genauer an, welche unterbewussten Verhaltensweisen unser rationales Urteilsvermögen in solchen Situationen einschränken könnten.

Der liebe Alkohol…

Bis heute gilt es in der Geschäftswelt als unerlässlich, dass man seine Geschäftspartner und Kunden zu einem schönen Abendprogramm ausführt. Während die sagenumwobenen Besuche eines Etablissements heute eher zur Ausnahme gehören, so ist doch meist immerhin ein Überangebot von Alkohol mit im Spiel.

Vor dem Essen, während des Essens und vor allem nach dem Essen. Es wird eigentlich immer getrunken. Die Wirkung von Alkohol ist allen klar und gehört bewusst zum Geschäftsgebaren dazu. Durch Alkohol verliert man nach und nach die Kontrolle und zeigt sich verletzlich. Diese Verletzlichkeit hilft wiederum, eine stärkere Bindung zwischen den Geschäftspartnern aufzubauen. Hat man sich erst einmal gemeinsam nahezu ins Nirwana gesoffen, ist eine Vertrauensbasis hergestellt, die man durch Worte in einem formalen Meeting nie erreichen wird.

Als Frau ist man besser trinkfest, wenn man Karriere in solchen Kreisen machen möchte. Oder man erarbeitet sich über die Zeit eine ganze Reihe von Strategien, wie man diese Abende nach großen Veranstaltungen, Firmenfesten oder Messen überlebt. Ein gutes Verhältnis zum Barpersonal schützt die Leber ungemein. Ab einem gewissen Zeitpunkt achtet nämlich niemand mehr drauf, ob im Gin-Tonic-Glas noch Gin oder nur noch Tonic schwimmt. Und ein Mojito sieht auch mit Mineralwasser täuschend echt aus. Am Tisch sollte man darauf achten, dass das Weinglas immer halb voll ist – dann ist die Gefahr, dass es ungefragt aufgefüllt wird, deutlich geringer. Und zur Not empfiehlt sich eine Position in der Nähe einer schönen Zimmerpflanze:

die hat im Zweifelsfall schon den einen oder anderen Cocktail überlebt.

Die meisten Frauen achten bei solchen Anlässen sehr genau darauf wie viel Alkohol sie trinken. Nicht so sehr, weil sie so wenig vertragen oder Angst haben, wie sie dadurch auf andere wirken könnten. (Letzteres sicherlich auch; siehe Kapitel: „Schicke Handtasche"). Aber hauptsächlich wohl eher, weil sie aus (mitunter leidvoller) Erfahrung wissen, dass die meisten Männer ab einem gewissen Punkt nicht mehr drauf achten, wie viel sie trinken. Frauen haben sich im Griff, weil Männer es nicht mehr haben!

„Die hat es doch drauf angelegt."

Natürlich kann es sein, dass die junge Mitarbeiterin, wenn sie in einem sehr kurzen Paillettenkleid zur Weihnachtsfeier erscheint, gesehen und bewundert werden möchte. Vielleicht verleiht das Kleid ihr mehr Selbstbewusstsein, weil es super zu ihrem Stil passt. Vielleicht spielt sie aber auch bewusst oder unbewusst mit ihren „weiblichen Reizen", um den ein oder anderen (mächtigen) Mann für sich zu gewinnen. Es gibt eine ganze Reihe von mehr oder weniger wissenschaftlichen Theorien zur Partnerwahl bei Männern und Frauen.

Gemäß evolutionspsychologischer Annahmen orientieren sich Männer mehr an der physischen Attraktivität, während Frauen umgekehrt mehr Wert auf den Status des Partners legen. Vielleicht sucht die Mitarbeiterin ganz unbewusst im kurzen Cocktailkleid also nach dem richtigen Erbgut für ihren Nachwuchs und orientiert sich dabei intuitiv an der Rangordnung ihres Unternehmens. Um möglichst erfolgreich dabei zu sein, ist es sehr hilfreich, wenn sie in den Augen der Männer möglichst attraktiv erscheint, denn bei Männern stehen Äußerlichkeiten statistisch recht hoch im Kurs. Frauen legen im Vergleich beispielsweise mehr Wert auf Ähnlichkeit und Intelligenz als auf Äußerlichkeiten.[22] Wenn die Frau allzu intelligent ist (oder erscheint) kann das bei der Partnerwahl in den männlichen Augen sogar eher ein „Abturner" sein.[23]

Vielleicht sind Frauen wirklich teilweise unterbewusst auf der Suche nach dem passenden Partner, *schließlich hingen für lange Zeit der gesellschaftliche Status und manchmal das Überleben davon ab.*[24] Die Zeit, in denen „eine gute Heirat" über den gesamten weiteren Lebensweg entschied, sind noch nicht lange her. Denn unser evolutionäres Unterbewusstsein arbeitet eher langsam. Es kommt mit dem modernen Rollenverständnis unserer Tage nicht so richtig mit – wie wir an verschiedenen Stellen in diesem Buch bereits mehrfach festgestellt haben.

Aber deshalb sind Frauen nach lange kein Freiwild! Sie stehen nicht zur allgemeinen Verfügung und keine Art der Belästigung ist auch nur im Geringsten zu tolerieren – egal, welchen Bias unser Unterbewusstsein hier gerade quält. Man hat zudem das Gefühl, dass Männer oft am **Overconfidence Bias (Selbstüberschätzung)** leiden: Warum sollte eine Frau einen verschwitzten, Schwachsinn vor sich hin stammelnden und nach Alkohol stinkenden Mann attraktiv finden? Diese Art von männlicher Selbstüberschätzung hat sich mir noch nie erschlossen. Tatsächlich steigert die Anwesenheit von Frauen nachweislich den Testosteronspiegel von Männern. Und dieser Anstieg führt wiederum zu einem stärkeren Dominanzverhalten – vor allem bei Männern, die ohnehin eher dominant und aggressiv sind.[25] In den konservativen gesellschaftlichen Rollenbildern ist es daher nicht untypisch, dass Männer als stark und Frauen eher als freundlich und brav wahrgenommen werden. Die männliche Dominanz gegenüber Frauen scheint für einige daher ein logischer Schluss.

In allen vorherigen Kapiteln haben wir bereits darüber gesprochen, wie wichtig es ist, den intuitiven

Entscheidungen unseres Unterbewusstseins, eine rationale, kognitive Komponente entgegenzusetzen. Dies gilt umso mehr, wenn man befürchten muss, dass kränkenden Worten auch verletzende Taten folgen.

Zusammenfassung

Was wir hören:

„Die hat es ja drauf angelegt."

Was unser Unterbewusstsein denkt:

* Frauen sind das schwächere Geschlecht und sollten von Männern dominiert werden
* Frauen suchen immer nach der Gunst von (mächtigen) Männer, weil ihr sozialer Status und ihr berufliches Weiterkommen davon abhängen

Wie wir es ändern können:

Für ungewollte Annäherungsversuche an der Bar oder anderswo gibt es keine Entschuldigungen. Egal, wie viele unterbewusste Muster man bemüht. Wenn Sie Zeuge eines solchen verbalen oder körperlichen Übergriffs werden, zeigen Sie Zivilcourage und schreiten Sie ein. Die Wirkung Ihres Handelns wird weit über diese Aktion hinausreichen...

Der Kluge lernt aus Allem.

Albert Einstein

ACHTES KAPITEL

Schicke Handtasche

Trifft Kollege A auf Kollegin B: „*Mensch, Susanne, das ist aber eine tolle Handtasche. Ist die neu?*"

Oder: „*Oh, die Farbe der Bluse steht dir aber gut.*"

Oder: „*Na, da hat sich aber Eine heute schick gemacht. Hast du noch was vor?*"

Und so weiter und so fort … Woher kommt eigentlich dieses offensichtlich fundamentale Bedürfnis von Männern, das Aussehen von Frauen ständig kommentieren zu müssen? Und warum zieht es sich so tief in die Arbeitswelt hinein, dass sogar wildfremde Menschen ständig Komplimente verteilen müssen? Gibt es ein ungeschriebenes Gesetz der Höflichkeit, das besagt, dass man ein Outfit nicht ungestraft unkommentiert sein lassen kann? Ein paar Erklärungsversuche:

- **Man(n) möchte nur höflich sein.** Er weiß, dass es (den meisten) Frauen wichtig ist, anderen zu gefallen, und erkennt die Bemühungen der Frauen an

- **Man(n) möchte Fettnäpfchen vermeiden.** Er ist zuhause von seiner Frau so oft gerügt worden, weil ihm der neue Haarschnitt nicht aufgefallen ist oder er das Kleid als neu eingestuft hat, obwohl sie es „doch letztes Jahr schon anhatte", dass er automatisch alles kommentiert, was ihm auffällt. Besser einmal zu viel als einmal zu wenig.

- **Man(n) freut sich, wenn Frau sich Mühe gibt.** Während Männer – vor allem in der Business-Welt – häufig gleich aussehen, sollten Frauen sich schon ein bisschen was einfallen lassen. Klar sind sie (auch) kompetent, aber wenn sie zudem noch attraktiv sind, schadet das in vielen männlichen Augen nicht.

Und tatsächlich war es für Frauen lange Zeit von fundamentaler Bedeutung, wie andere über sie dachten. Von klein auf wurde ihnen beigebracht, darauf zu achten, wie sie sich kleideten, wie sie sprachen und sich benahmen. Da Frauen lange Zeit nicht die gleichen wirtschaftlichen Möglichkeiten genossen wie Männer, hing ihre Freiheit oft vom Gutdünken anderer ab. (Viele behaupten, dass sich hieran bis heute nichts geändert hat.) Daher ist es nicht verwunderlich, dass sie immer noch mehr Wert auf ihr Äußeres legen als viele Männer. Soziale Erwünschtheit (**Social Desirability Bias**) war bis vor wenigen Jahrzehnten nicht nur nett, um seinem eigenen Harmoniebedürfnis entgegenzukommen, sondern für viele Frauen überlebensnotwendig. Und da Frauen lange mit nichts anderem glänzen durften als ihrem Äußeren, wurde dies über die Maßen kultiviert. Unterbewusst bestätigt jeder Kommentar von (mächtigen) Männern über das Aussehen den Frauen, dass dieser Weg (der guten Heirat) immer noch möglich wäre, falls es mit der Karriere nicht klappt.

Wer ist die Schönste im ganzen Land?

Die Psychologie kennt sogar einen **Beauty Bias** – also die Voreingenommenheit aufgrund von Attraktivität oder Schönheit. Wer in den Augen seines Gegenübers als besonders attraktiv wahrgenommen wird, hat bei fast allem bessere Karten. Bei Beförderungen, Personaleinstellungen und dem Übertragen verantwortungsvoller Aufgaben spielt das Aussehen unterbewusst immer eine Rolle. Personen, die als attraktiv wahrgenommen werden, bekommen automatisch mehr positive Eigenschaften zugesprochen. Von Männern und Frauen. Diese Art der Diskriminierung findet man auch häufig unter dem Begriff *Lookism* zusammengefasst.

Sprüche wie „Die würde ich aber auch nicht von der Bettkante stoßen!" oder „Die macht aber auf dem Gruppenfoto auch was her!" gehören zwar in der Nachbesprechung des Vorstellungsgesprächs zum Glück der Vergangenheit an. Aber die unterschwelligen Gedanken existieren natürlich weiter. Während man in Anwesenheit von Kolleginnen oder der Personalabteilung selbstverständlich niemals solch diskriminierenden Bemerkungen aussprechen würde (man ist ja schließlich „Profi"), fallen sie dann eher zu später Stunde, „wenn man unter sich ist" (siehe dazu auch das Kapitel „An der Bar").

Die gängigen Vorschläge zum Überwinden des Beauty Bias sind meines Erachtens auch nur teilweise praktikabel. Sicher ist es eine gute Idee, die Fotos bei der Bewerbung wegzulassen, wenn man es sonst bei Ihnen auf Grund des Aussehens nicht mal bis zum Gespräch schaffen würde. Aber früher oder später wird es zu einem persönlichen oder virtuellen Treffen kommen und dann lässt sich das Aussehen nicht mehr verleugnen. Das persönliche Gespräch einfach wegzulassen, halte ich für etwas realitätsfern. Denn gerade hier zeigen sich ja auch viele Stärken von Bewerber:innen, die auf dem Papier vielleicht noch gar nicht offenbart wurden. Besser als die Vermeidung sämtlicher Beurteilungsfallen finde ich die bewusste Wahrnehmung derer. Achten Sie doch beim nächsten Vorstellungsgespräch oder Expertenvortrag einmal darauf, ob sie die Referentin oder den Bewerber „hübsch" finden. Und wenn ja, ob Sie die Person demnach auch automatisch als intelligenter, interessanter oder humorvoller empfinden. Ganz wichtig: Sie müssen es keinem sagen. Ihre Gedanken kann keiner lesen. Aber Sie können sich nun mal Gedanken darüber machen, ob Ihre Entscheidung vielleicht (zumindest ein kleines bisschen) vom Aussehen der anderen Person abhängt. Allein das ins Bewusstsein rufen der kognitiven Verzerrung wird Sie dafür sensibilisieren, Ihre Meinung nochmals zu überprüfen.

Aber nochmal zurück zur „schicken Handtasche". Warum müssen wir – obwohl Männer und Frauen gleichermaßen dem Beauty Bias unterliegen – immer nur Frauen offen auf ihr Aussehen ansprechen?

Wenn es die gleiche, falsch verstandene Höflichkeit wie bei „Ladies First" ist, lassen Sie es einfach weg. Natürlich freut sich jede und jeder über ein ehrlich gemeintes Kompliment. Und das möchte ich auch gar nicht unterbinden. Aber wenn Sie sich selbst dabei ertappen, dass Sie die Outfits Ihrer Kolleginnen jeden zweiten Tag kommentieren und Ihren Kollegen aber nicht einmal für das „tolle, hellblaue Hemd" loben, sollten Sie es besser sein lassen. Denn höchstwahrscheinlich manifestieren Sie in Ihrem Kopf und dem Ihres Teams gerade eine Art Gender-Beauty Bias, den wir in der Berufswelt nicht brauchen.

Zusammenfassung

Was wir hören:

„Tolle Bluse, schicke Handtasche, adrettes Kleid …"

Was unser Unterbewusstsein denkt:

* Bei Frauen ist das Aussehen wichtig, muss ständig kommentiert werden. Bei Männern nicht.
* Frauen wird seit ihrer Kindheit beigebracht, anderen zu gefallen. Durch ihr Aussehen oder durch ihre zurückhaltende Art.

Wie wir es ändern können:

Wenn Sie nicht gerade in der Mode- oder Beauty-Branche arbeiten, müssen Sie das Aussehen Ihrer Kolleg:innen nicht kommentieren. Und wenn Sie es tun, dann bitte gleichmäßig bei allen Geschlechtern – sonst sieht es wirklich ein wenig nach stereotypischem Verhalten aus.

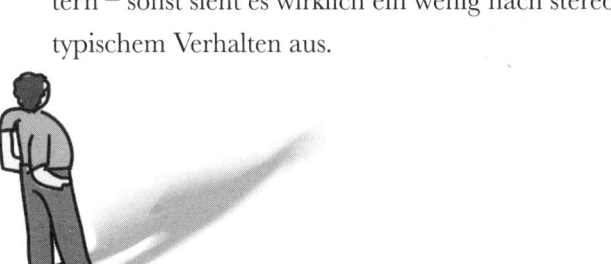

Sei Du selbst.

Alle anderen gibt es schon.

Oscar Wilde

NEUNTES KAPITEL

Irgendwas dazwischen

Waren Sie schon mal in einem Führungskräfte-Seminar für Frauen? Wenn Sie ein Mann sind und nicht gerade Trainer von Beruf, dann wahrscheinlich eher nicht. Wenn Sie eine Frau sind und Ihre Firma Sie nach Kräften unterstützen möchte beim beruflichen Fortkommen, dann haben Sie höchstwahrscheinlich schon eine ganze Reihe von solchen Veranstaltungen hinter sich. Manche Formate sind auch wirklich hilfreich – vor allem wenn es darum geht, seine innere Haltung zu überprüfen und die Gründe und Mittel für seinen Erfolg (oder Misserfolg) erstmal bei sich selbst zu suchen.

Aber andere Seminare erscheinen bei Lichte betrachtet schon eher absurd. Kleine Kostprobe gefällig?

„Liebe Frau Meier, Ihre Stimme ist viel zu hoch. Das ist wahnsinnig anstrengend beim Zuhören – vor allem für Männer."

Nach etwa 20 für Frau Meier ziemlich peinlichen, ermüdenden und vor allem zuhause nie mehr reproduzierbaren Versuchen klingt die Antwort dann in etwa so:

„Ach Frau Meier, das ist jetzt wirklich ein bisschen tief. Das klingt gleich so aggressiv und dominant. So verschrecken Sie die Herren in den Führungsetagen aber auch."

Halten Sie für übertrieben? Wie wäre es damit?

„Liebe Kolleginnen, zum Schluss noch ein Tipp zu Ihrer Kleidung. Kleider machen Leute und Kleider demonstrieren Macht. Daher ist es wichtig, dass Sie sich eher in gedeckten Farben kleiden und möglichst souverän. Ein dunkelblauer Business-Anzug ist immer eine gute Variante, wenn Sie den Herren der Macht zeigen wollen, dass Sie dazugehören."

Ungefähr zehn Minuten später sagt Ihnen die gleiche Trainerin dann Folgendes:

„Unterbewusst wird von Frauen schon erwartet, dass Sie neben Ihrer Kompetenz auch eine gewisse Ausstrahlung mitbringen. Kokettieren Sie gerne ein bisschen mit Ihren weiblichen Reizen. Natürlich nicht zu aufdringlich. Aber ein nettes Kleid oder ein Kostüm anstelle eines Hosenanzugs wirkt immer adretter. Und Sie wollen ja nicht aussehen, wie eine schlechte Kopie eines Mannes!"

Die Quintessenz dieser Seminare – und die damit vorherrschende (unterbewusste) Meinung in vielen Unternehmen – lautet: **Sei wie ein Mann, aber bleibt bitte eine Frau!** Sie brauchen weitere Beispiele? Sehr gerne.

„Sabine, dein Körper spricht für sich. Hast du mal beobachtet, wie Männer allein durch ihre Sitzposition mehr Raum einnehmen und dominanter wirken? Setz dich also möglichst breitbeinig hin, damit alle deine Präsenz spüren."

„Auch wenn ich einen Rock trage, wie du gerade empfohlen hast?"

„Dann natürlich nicht."

Man hat das Gefühl, dass Frauen es an vielen Stellen einfach nur falsch machen können.

„Clara, lächle doch bitte nicht so viel. Du brauchst ein Pokerface, sonst nimmt dich keiner ernst."

Wenn Clara diesen Ratschlag dann konsequent befolgt, kann es durchaus passieren, dass sie beim Vorbeilaufen eines Büros folgenden Kommentar anhören muss:

„Mensch, die Clara hätte ich eigentlich für viel emphatischer gehalten. Gerade als Frau müsste sie doch ein bisschen warmherziger sein. Die hat so eine eiskalte Miene."

Und das Thema dieser **„Mannsweib ähnlichen Ambiguität"** zieht sich durch alle Lebensbereiche durch. Das Wissenschaftszentrum Berlin für Sozialforschung hat herausgefunden, dass Frauen, die „zu kurz" in Elternzeit gegangen sind, als Karrierefrauen betitelt und ihnen die familiäre Nähe abgesprochen wurde. Waren sie aber „zu lange" in Elternzeit, dann sind sie zu sehr in ihrer Mutterrolle verhaftet und denken zu wenig im Sinne ihrer Karriere. „Zu kurz" (also drei Monate in diesem Experiment) wirkte sich übrigens negativer auf die Entscheidungen der Personaler:innen aus als „zu lang". Interessant. Man könnte ja meinen, dass die Personalabteilung eines Unternehmens ein besonders hohes Interesse daran hat, die wertvolle „Ressource" bald wieder am

Arbeitsplatz zu sehen. Aber wahrscheinlich hat auch hier der Unconscious Gender Bias seinen Dienst getan und die lieben Menschen in der Personalabteilung (unterbewusst) daran erinnert, dass Frauen doch vor allem erstmal Mütter sind und sich um die Kinder zu kümmern haben. Und drei Monate sind ja nun wirklich zu kurz, um so ein kleines hilfloses Wesen in dieser schrecklichen Welt (mit seinem Vater) allein zu lassen. Ende der Ironie.

Du wirst, was du glaubst zu sein!

Was aber das Schlimmste ist bei all den genannten Ratschlägen? Irgendwann beginnen Sie, sie zu glauben. Wenn Sie immer wieder hören, dass Sie zu schüchtern sind und dominanter werden sollen, dann fangen Sie an, an sich zu zweifeln. Wenn Sie zum wiederholten Mal hören, dass Ihre Stimme zu schrill, zu zickig, zu hoch, zu leise, zu „irgendwas" ist, dann reden Sie irgendwann gar nicht mehr oder nur noch mit ganz viel Anspannung. Unser Gehirn kann nicht unterscheiden, ob etwas wahr oder falsch ist. Wenn wir eine Lüge nur oft genug hören, dann glauben wir sie irgendwann. Genauso funktionieren alle Stereotypen, die wir in unserem Unterbewusstsein mit uns rumschleppen. Wir hinterfragen nicht mehr, ob es richtig oder falsch ist.

Wir glauben es und wir verhalten uns entsprechend. Die **Role Congruity Theory** besagt, dass man zu dem wird, was man glaubt.

Zur Illustration hier eine Anekdote aus meinem Schülerinnendasein: Das berühmte Vorurteil, Mädchen können nicht rechnen, hatte ich zeitweise 100% für mich akzeptiert. In der Grundschule gab es noch keine großen Unterschiede zwischen meinen Rechenkünsten und denen der Jungs. Ich habe mir da auch nie wirklich Gedanken gemacht, weil die Noten sehr gut waren. Auf dem Gymnasium wurden meine Noten in Mathematik dann immer schlechter. Das kann an allem möglichen gelegen haben – meinem pubertären Alter, meinen Freunden, die auch keinen Bock auf Mathe hatten, meinen Lehrer:innen oder dem Thema des Schuljahres. Was aber hieran interessant war: mein Umfeld hat mir gespiegelt, dass es ok ist, (als Mädchen) schlechte Noten in Mathe zu haben. „Du hast andere Stärken", „Ich konnte früher auch kein Mathe. Aber dafür sind wir Frauen in Sprachen besser." Super, da war ja die Erklärung. Ich musste mich nicht sonderlich anstrengen – es war ja fast schon biologisch! Irgendwie auch ganz bequem. Dann sind wir in eine andere Stadt umgezogen und der neue Mathematiklehrer hatte mich von Anfang an auf dem Kicker. Ständig musste ich an die Tafel, immer musste ich die Hausaufgaben präsentieren und bei jeder Kopfrechnungsübung konnte man drauf wetten, dass ich die Lösung zuerst präsentieren sollte. Meine Klasse hat sich sogar schon lustig darüber gemacht und meinte, dass sie die Hausaufgaben gar nicht mehr machen müssten, weil ja ohnehin ich wieder nach vorne müsste. Ich habe es gehasst. Und es war mir so peinlich. Er wusste doch, dass ich es nicht besonders gut konnte, warum nahm er mich dann ständig dran? Einfach nur, damit es nicht ganz so peinlich für mich würde, habe ich (entgegen meiner bereits akzeptierten „biologischen Prägung") begonnen, mich in die Materie einzuarbeiten. In einem Alter, in dem einem sowieso alles peinlich ist, wollte ich mich nicht unnötig blamieren. In den übrigen Fächern waren meine Noten gut, warum eigentlich nicht in Mathe? Angetrieben von dem Wunsch, die Mathematik endlich auch zu verstehen, entwickelte ich eine Art Ehrgeiz für ein Fach, von dem ich zutiefst überzeugt war, dass es nicht zu mir passte. Diesem Depp von Lehrer wollte ich zeigen, dass ich mich nicht kleinmachen ließ. Ich begann richtig zu lernen, ließ mir die Dinge erklären, die ich bis dahin nicht verstanden hatte, und tat etwas für mich Unvorstellbares – ich meldete mich. Im Mathe-Unterricht! Es kam, wie es kommen musste. Ich wurde immer besser und besser. Niemals werde ich den Tag vergessen, an dem die Klassenarbeiten ausgeteilt wurden und dieser (in meinen Augen bescheuerte) Lehrer auf mich zukam, mir die Arbeit hinlegte und nur trocken kommentierte: „Ich habe es ja gewusst." Es war eine Eins. Das erste Mal in meinem Leben hatte ich in Mathematik eine Eins. Und was ich damals nicht verstanden habe und was mich heute traurig macht: in meinem Kopf fügte ich automatisch zu meinem Erfolg den Teilsatz „und das, obwohl ich ein Mädchen bin" hinzu.

Frauen sind keine schlechten Kopien von Männern

Die beste Umschreibung, die man für eine erfolgreiche Frau heute finden? „Sie ist irgendwas dazwischen". Wenn Frauen sich nicht stereotypisch wie eine „normale" Frau verhalten, dann werden sie abgestraft. Dann sind sie „Karrierefrauen", „Mannsweiber" oder „Rabenmütter". Wenn sie hingegen zu weiblich sind, wird ihnen geraten, sich doch lieber ein bisschen mehr wie ein Mann zu verhalten und sich den männlichen Gepflogenheiten anzupassen. Klingt nicht gerade so, als ob Frau es hier irgendwem recht machen könnte.[26]

Frauen sind nicht die schlechteren Männer.[27] Es bringt nichts, den Männern vorzuwerfen, dass sie „nicht so emphatisch" sind wie ihre weiblichen Kolleginnen und den Frauen einzureden, dass sie besser mal ein „bisschen dominanter und fordernder" sein sollten. Sie erklären einem introvertierten Menschen auch nicht, dass er oder sie mal besser aus sich rausgehen sollte oder einer extrovertierten Person, dass er oder sie sich mal ein bisschen zurückhalten soll.

Und warum müssen Frauen eigentlich unbedingt so werden wie Männer? Warum können Männer nicht auch ein bisschen mehr so werden wir Frauen? **Musste eigentlich jemals ein Mann ein Seminar besuchen, in dem ihm erklärt wurde, er soll mehr wie eine Frau sein?** Landläufig hört man immer wieder die Aussagen, dass es weniger Kriege und Konflikte auf der Welt gäbe, wenn Frauen in Politik und Wirtschaft mehr zu sagen hätten. Wenn wir weniger (männliches) Machtstreben und Leistungs- und Wachstumsdruck und mehr (weibliche) Harmoniesuche und Miteinander hätten. Frauen werden meist von klein auf darauf trainiert „ein gutes Mädchen" zu sein. Sie halten die Fäden in der Familie zusammen und sorgen in Teams dafür, dass sich jeder wohlfühlt. Vielleicht sind das ja Eigenschaften, die allen Führungskräften

– unabhängig von Geschlecht, Alter und Herkunft – per se guttun würden. Ines Imdahl und Janine Steeger gehen ihn ihrem Buch sogar noch eine Stufe weiter: sie sind davon überzeugt, dass *Frauen die Welt retten werden*, da ihre vermeintlichen Schwächen eigentlich die Stärken sind, die es braucht, um die Klimakrise doch noch abzuwenden. Nachhaltigkeit ist in ihren Augen sehr weiblich.[28]

Warum fangen wir nicht mal an, die Stärken zu stärken? Warum versuchen so viele Coachings, Schulungen und Onlinekurse eigentlich immer vermeintliche Schwächen auszumerzen? Das kostet alle Beteiligten viel mehr Kraft und ist nachhaltig selten von Erfolg gekrönt.

Sei einfach du selbst!

Boah, das klingt jetzt wirklich nach Kalenderblatt oder Poster, das man sich mit einem kitschigen Sonnenuntergang als 14-Jährige übers Bett hängt. Aber warum eigentlich nicht? Wenn du es (als Frau) eh niemandem recht machen kannst, hat das auch was sehr Befreiendes. Wenn du in den Augen der einen nie genug „Frau" sein wirst und in den Augen der anderen immer noch nicht genug „männliche" Attribute verkörperst, dann kannst du auch einfach die sein, die du sein möchtest. Lächle, wann immer du es für angemessen hältst. Trag Kleider, Röcke und Hosen. Sprich hoch oder tief – am besten übrigens in der Stimmlage, die deine Stimmbänder am meisten schont. Versuche, möglichst du selbst zu sein – das kannst du im Zweifelsfall eh am besten.

Und ein kleiner Gedankenanstoß noch zum Schluss: viele Studien zeigen, dass diverse Teams deutlich erfolgreicher sind als stark homogene. Dies heißt aber nicht, dass zwei Geschlechter vertreten sind, die identisch denken und handeln. Diversität meint hier keine rein biologischen Unterschiede, sondern solche, die sich auch im unterschiedlichen Handeln äußern. Wo bleibt also die Diversität, wenn wir so darauf bedacht sind, alle einander anzugleichen?

Zusammenfassung

Was wir hören:

„Seien Sie etwas dominanter", „Sprechen Sie mal ein bisschen tiefer" oder „Sie dürfen sich ruhig ein wenig weiblicher zeigen."

Was unser Unterbewusstsein denkt:

* Frauen sollten so sein, wie Männer, wenn sie Karriere machen wollen
* Egal, wie man es als Frau macht, man macht es fast nie richtig. Frauen scheinen wie schlechte Kopien von Männern.

Wie wir es ändern können:

Nicht die Frauen müssen sich ändern, sondern wenn überhaupt die Männer. Wer wirklich diverse Teams im Unternehmen möchte, der muss Rahmenbedingungen und eine Kultur schaffen, welche es Frauen und Männern erlaubt, sie selbst zu bleiben. Wer „Frauenförderung" betreibt, um vermeintliche Defizite auszubessern, wird vielleicht bald keine Frauen mehr zum Fördern haben.

Es gibt einen besonderen Ort in der Hölle für Frauen, die anderen Frauen nicht helfen.

Madeleine K. Albright

ZEHNTES KAPITEL

Wer im Glashaus sitzt

„Aber die Frauen in Führungspositionen sind doch selbst die schlimmsten Vorbilder."

Oh, wer kennt das nicht? Da hat es endlich eine Frau in die oberste Führungsetage geschafft und anstatt jetzt wie verrückt möglichst viele weibliche Verbündete nachzuziehen, entpuppt sie sich als die schlimmste Gegnerin. Dieses Phänomen wird in der Psychologie als **Queen Bee Effect** (Bienenköniginnen-Effekt) beschrieben.[29]

Frauen müssen meist deutlich mehr leisten, um eine Führungsposition überhaupt erst zu erhalten, und konkurrieren deswegen schneller mit anderen Frauen, wenn sie ihnen im „Weg stehen". Eine erfolgreiche Frau hat einen Weg gefunden, sich im (männlichen) Machtgefüge einzufinden. Und solange sie dort allein ist, umgibt sie eine Aura der Einzigartigkeit. Klar, es ist auch verdammt einsam als einzige Frau, aber irgendwie auch ziemlich sicher. Wer möchte schon die einzige Frau im Vorstand verlieren? Oder die einzige weibliche Führungskraft der gesamten Abteilung? Durch ständig neue Frauenquoten- und Gleichberechtigungsdebatten geht diese Einzigartigkeit allerdings schnell verloren. Was sich die erfolgreiche Frau in ihren Augen mühsam über Leistung erarbeiten musste, wird den anderen Frauen jetzt über die Quote quasi „geschenkt". Tatsächlich zeigen Studien, dass Männer mehr in männliche, jüngere Nachwuchskräfte investieren als Frauen in weibliche.[30] Das ist natürlich fatal, wenn wir uns anschauen, wie nötig jüngere Frauen – bei all den bewussten und unterbewussten Hürden, die sie nehmen müssen – ein bisschen weiblichen Support von oben brauchen. Und bei all den männlichen „Mini-Me's" wären ein paar weibliche sehr hilfreich.

An Frauen werden in Führungspositionen höhere Erwartungen gestellt als an Männer. Wir hatten es bereits im Kapitel „Irgendwas dazwischen": frau muss die perfekte Frau und der perfekte Mann sein, um dem Job einer weiblichen Führungskraft nachgehen zu dürfen. Wenn frau zu sehr der Geschlechterrolle entspricht, dann kann es dazu führen, dass sie den Anforderungen an die Führungsrolle nicht gerecht wird. Umgekehrt kann eine Konformität mit der Führungsrolle dazu führen, dass sie in ihrer Geschlechterrolle nicht mehr entspricht. Dann hört man auf den Fluren gerne schon mal:

„Die hat Haare auf den Zähnen!"

„Ein echtes Mannsweib!"

„Die ist ja schlimmer als jeder Mann."

Das Austragen dieses ständigen Widerspruchs kostet die Frauen verdammt viel Kraft.[31] Dies führt sicherlich bei der ein oder anderen Frau dazu, dass sie lieber weiter für sich selbst kämpft, als das bisschen verbleibende Energie auch noch auf die anderen Frauen aufzuwenden.

Mehr vom Gleichen

Aber es gibt hier noch eine interessante Entdeckung im Zusammenhang mit Frauen in Führungspositionen.

Die Neurowissenschaftlerin Friederike Fabritius hat in einer großangelegten Untersuchung mit über 40.000 Führungskräften herausgefunden, dass Frauen in Führungspositionen oft ein ähnliches *Hormon-Profil* wie Männer haben. Sie spricht von einem *Neuro-Gap* in westlichen Führungsetagen.[32] Es sind sicherlich noch Unterschiede zwischen Männern und Frauen erkennbar (wie sollte es auch anders sein), aber rein vom hormonellen Profil (typischerweise eine Kombination aus Testosteron und Dopamin) sind die Damen und Herren in den schönen Glasbüros im höchsten Stockwerk sich doch recht ähnlich. Das rührt sicher auch daher, dass für unsere Unternehmenskulturen eine gute Führungskraft meinungsstark und selbstbewusst ist. Sich durchsetzen und andere für sich und die eigene Sache begeistern kann. Dies können typischerweise Menschen mit besagtem Testosteron-Dopamin-Mix besonders gut. Es kann also tatsächlich sein, dass Frauen in Führungspositionen Männern ähnlicher sind, als wir das auf den ersten Blick erkennen würden.

Da muss man sich schon fragen, ob wir durch all die Assessment Center, durch die wir Männer und Frauen Jahr für Jahr schleusen, wirklich mehr Vielfalt kreieren, oder einfach solange aussieben, bis wir möglichst viele „Mini-Me's" gefunden haben – egal, ob männlich oder weiblich. Es scheint daher gar nicht so abwegig, dass vor allem die „Bienenköniginnen" in den Führungsetagen landen und diese sich dort auch sehr machtbewusst und „männlich" verhalten.

ABER an dieser Stelle möchte ich auch betonen, dass es den Queen-Bee-Effekt gibt, er allerdings nicht repräsentativ für alle Frauen in Führungspositionen gilt. Es gibt wahnsinnig viel Solidarität und Unterstützung von Frauen für Frauen. Viele haben es sich zur Lebensaufgabe gemacht, andere Frauen zu „empowern" und zu fördern.

An alle Frauen, die sich jetzt ein bisschen ertappt fühlen, weil sie jüngere Kolleginnen nicht so sehr unterstützen, wie sie es könnten: Teilt eure Macht! Teilt eure Erfahrungen! Lasst die anderen nicht auch „durch die Hölle gehen", nur weil ihr es musstet. Eure Leistungen werden dadurch nicht kleiner, sondern größer. Ihr werdet, neben Bewunderung und Respekt für euer Tun, auch Dankbarkeit spüren. Und die Frauen wollen gar nicht euren Platz. Sie wollen – wenn überhaupt – den eurer Kollegen (siehe auch Kapitel „Der diskriminierte Mann").

Zusammenfassung

Was wir hören:

„Frauen wollen andere Frauen gar nicht fördern."

Was unser Unterbewusstsein denkt:

* Frauen, die sich selbst an die Spitze kämpfen mussten, wollen ihre Pole Position möglichst lange verteidigen
* Frauen in Führungsetagen sind ihren männlichen Kollegen im Denken und Handeln oft ziemlich ähnlich

Wie wir es ändern können:

Alle Führungskräfte – männlich wie weiblich – tragen Verantwortung für den talentierten Nachwuchs. Das, was sie vorleben und fördern, wird sich in einigen Jahren in den Führungsetagen manifestieren. Also nicht nur „Mini-Me's" rekrutieren und keine Angst vor weiblicher Konkurrenz. Wer Diversität sät, wird Erfolg ernten.

Das Einzige, das noch
gefährlicher ist als Ignoranz,
ist Arroganz.

Albert Einstein

ELFTES KAPITEL

Das bisschen Haushalt

„Liebe Kollegen, ich muss jetzt wirklich raus aus dem Termin. Mein Sohn wartet am Hort und will zum Karate gebracht werden."

„Ach, Stefan. Kein Ding. Toll, dass du dich so für deine Familie engagierst. Das müssten wirklich noch viel mehr Väter machen. Klasse Vorbild. Bis morgen."

Toll, oder? Solche Sätze sind vor 20 Jahren sicher fast nie gefallen. Und heute scheint jeder Mann, der etwas auf sich hält, seinen Teil zur Kindererziehung und Hausarbeit beizutragen. 42% der Väter haben – laut aktuellem Väterreport der Bundesregierung –

Elternzeit nach der Geburt ihres Kindes beantragt.[33] Das ist wirklich eine erfreuliche Entwicklung.

Was hat sie denn jetzt schon wieder zu meckern?, wird sich der ein oder die andere Leser:in fragen. Ist doch klasse, dass es endlich vorangeht in Sachen Gleichberechtigung zuhause. Stimmt! Aber, vielleicht wird mein Unwohlsein bei solchen Aussagen klarer, wenn wir die Szene mal kurz in einen anderen Kontext setzen:

„Liebe Kollegen, ich muss jetzt wirklich raus aus dem Termin. Ich habe die Verantwortung für ein hoch komplexes Mehrjahresprojekt übernommen, bei dem täglich wichtige Entscheidungen zu treffen sind. Und da habe ich mir vorgenommen, immer Mittwochnachmittags mal kurz vorbeizuschauen."

„Ach, Stefan. Kein Ding. Toll, wie du dein Team überstützt und jeden Mittwoch verfügbar bist. Wir bräuchten mehr Manager, die ihre Verantwortung so ernst nehmen! Tolles Vorbild."

Übertrieben? Ich befürchte leider nicht. Wenn wir uns die oben zitierten 42% aller Väter anschauen, die Elternzeit genommen haben, so sollten wir auch noch die Information hinzufügen, dass davon 75,4% nur die sogenannten „Partnermonate" (also zwei Monate) in Anspruch genommen haben. Solange wir Väter dafür abfeiern, dass sie (meist auch noch parallel zu ihren Frauen) zwei Monate in Elternzeit gehen und ihre Gattinnen im Haushalt und mit der Familie „unterstützen", zementieren wir tradierte Rollenvorstellungen weiter. Stereotypisch – im bereits bekannten **Gender Bias** – kümmert sich die Frau um die Familie und kann sich freuen, wenn der Mann sie dabei unterstützt. Klingt das nach echter Gleichberechtigung?

Laut Väterreport der Bundesregierung aus dem Jahr 2021 geben (nur!) 25% der Väter an, dass sie 50% der Kinderbetreuung übernehmen. Das allein zeugt nicht von wirklicher Gleichberechtigung. Interessanterweise stimmen der Aussage aber nur 10% der Mütter zu.[34] Zehn Prozent! In jeder Schulklasse gibt es demnach statistisch maximal nur zwei Kinder, die sich überhaupt vorstellen können, wie Gleichberechtigung aussieht. Der Rest erlebt – unterbewusst – weiterhin die „klassische" Rollenverteilung. Mehr oder weniger stark. Aber wie sollen diese Kinder denn aus der Stereotypen-Falle rauskommen, wenn ihre Eltern ihnen nach wie vor vorleben, dass es normal ist, dass Mama sich um den Großteil kümmert und Papa arbeiten geht.

Spannend an den genannten Zahlen finde ich aber auch die offensichtlich deutliche Abweichung zwischen Selbst- und Fremdbild. Woher kommt diese Diskrepanz in der Wahrnehmung? Eine mögliche Erklärung liegt daran, dass es **sichtbare und unsichtbare Aufgaben in der Care-Arbeit** gibt.

- Ihr Mann erledigt den nervigen Wocheneinkauf? Toll, aber schreibt er auch die Einkaufsliste und überlegt sich, was es über die Woche zu essen gibt? Möglichst gesund und alle Unverträglichkeiten der Familienmitglieder umschiffend?

- Ihr Mann fährt die Kids jeden Mittwochnachmittag zum Sport? Super, aber packt er danach die dreckige Wäsche auch in die Waschmaschine, den Trockner und wieder in den Sportbeutel? Und denkt er daran, dass die Sportschuhe des Jüngsten bald zu klein sind, und kauft neue? Kennt er die aktuelle Schuhgröße?

- Ihr Mann geht zu allen U-Untersuchungen mit den Kindern? Hervorragend, aber hat er sie dort ein halbes Jahr vorher auch angemeldet? Und den Impfausweis nach dem Arztbesuch in die Hülle für die Kinderfreizeit gepackt, damit dieser nicht wieder, wie im letzten Sommer, zuhause vergessen wird?

Zu jeder offensichtlichen Handlung gehören eine ganze Reihe von Vorüberlegungen, die man nicht auf den ersten Blick sieht. Solange ein Mensch aber immer nur einen Teil der Aufgaben abgeben kann und an den Rest selbst denken muss, verspürt er keine wirkliche Entlastung. Dieses Phänomen hat es unter dem Begriff **Mental Load** in den letzten Jahren in die Bestseller-Listen geschafft. Die Psychologin Patricia Cammarata erklärt, dass die Überforderung und Erschöpfung vieler Frauen bei der Haus- und Care-Arbeit nicht zwingend von den augenscheinlichen Arbeiten stammt (Spülmaschine ausräumen, einkaufen oder Geschenke für Geburtstage verpacken), sondern vielmehr daher rührt, dass sie Bedürfnisse der Familie frühzeitig antizipieren, ständig Optionen abwägen und Entscheidungen treffen müssen – damit die offensichtlichen Aufgaben überhaupt machbar sind.[35]

Ein Mann kann das nicht…

Jetzt sind alle die erwähnten Aufgaben nicht originär weiblich oder männlich. Es braucht keinen bestimmten Östrogenspiegel, um dafür zu sorgen, dass das Kind immer saubere, passende Kleidung im Schrank hat. Und um einen halbwegs unfallfreien Rührkuchen (gerne auch als Backmischung) fertigzustellen, ist die berühmte „weibliche Intuition" meines Wissens nach auch nicht von Nöten. Und doch hört man immer wieder Frauen, die behaupten: „Ein Mann kann das nicht (oder zumindest nicht so gut)."

Man erlebt das häufig bei jungen Müttern, die das Gefühl haben, dass die Väter „das irgendwie nicht richtig machen". Männer können nicht richtig wickeln, nicht ordentlich füttern oder spielen „die falschen Sachen" mit den Kindern. Auf der einen Seite würden die Mütter sich enorm freuen, endlich entlastet zu werden bei all den Aufgaben, auf der anderen Seite schreit irgendwas tief in ihnen, dass es nicht richtig ist. Dass sie das schon besser mal selbst machen. Sicherlich sind dies Muster, die sie selbst in ihrer Kindheit und Sozialisation erlebt haben und die sich jetzt ihren Weg in die eigene Realität brechen. Von außen sind die Situationen teilweise absurd anzusehen: Väter, die gelangweilt am Handy spielen, während die Mütter – das Baby vorgeschnallt – die Flasche erwärmen und gleichzeitig neue Outfits für die Kita bestellen, während sie noch versuchen, Abendessen zu kochen. Und glauben Sie nicht, dass der Vater nicht mehrfach gefragt hätte, ob er helfen kann. Das hat er – immer und immer wieder. Aber er macht es halt immer falsch. Da entsteht dann eine gewisse Resignation, die man im Zweifelsfall besser ins Handy oder den Fernseher kanalisiert als sich nochmal vorführen zu lassen. **Wer Hilfe möchte, muss sie auch annehmen.** Selbstverständlich sind die Situationen sehr überspitzt beschrieben. Aber denken Sie mal drüber nach, wann Sie das letzte Mal dachten „Ein Mann kann das nicht". Unterbewusste Muster – nur eben in die andere Richtung.

Dennoch reicht es nicht, wenn „Stefan die Kinder mittwochs zum Karate fährt" oder „Paolo die Kleine vom Kindergeburtstag abholt". **Beim Thema Kindererziehung und Hausarbeit zeigt sich, wie tief der Gender Bias bei beiden Geschlechtern verwurzelt ist.** Frauen kümmern sich um Haus & Hof und Männer ums Geld. Und sobald wir auch nur minimal von den absoluten Wahrheiten abweichen (er räumt die Spülmaschine aus und kocht am Wochenende und sie arbeitet in Teilzeit und bessert das Familieneinkommen auf), fühlen wir uns vollends in der Gleichberechtigung angekommen.

Dem Sinne nach bedeutet *gleich* = *zu gleichen Teilen*. Also 50:50. Und *Berechtigung* schließt meines Erachtens *gleiche Rechte und Pflichten* für beide Parteien ein.

Somit müsste eine Verteilung der Erwerbstätigkeit eher in zwei Teilzeitmodellen als in einem Haupt- und einem Nebenverdiener münden. Und die Aufteilung der häuslichen Aufgaben erfordert es, dass man sich zunächst mal Gedanken macht, worin diese Aufgaben denn vollumfänglich bestehen. Es reicht nicht davon auszugehen, dass jeder ein paar Sachen erledigt und der andere oder die andere den Rest dann schon macht. Stellen wir uns das mal im beruflichen Kontext vor. Die Deadline für ein wichtiges Projekt rückt näher und die Managerin sagt zum Kollegen: „Kein Ding. Ich schicke die Unterlage am Freitag dann fristgerecht an den Kunden raus." Sie geht unterbewusst davon aus, dass der Kollege, die Unterlage erstellt, dessen Qualität sichert, in ein kompatibles Format bringt und fristgerecht für den Versand zur Verfügung stellt. Klingt vielleicht nicht wirklich nach fairer Aufgabenverteilung, aber wenn eine Mutter vollmundig anbietet, den Sohn am Freitagnachmittag pünktlich zum Klaviervorspiel zu bringen, dann muss sie auch davon ausgehen, dass ihr Mann morgens dafür gesorgt hat, dass das Kind aufgestanden ist, angezogen und mit geputzten Zähnen und gefülltem Magen zur Schule gegangen ist, die Schulbrote gegessen hat und in der Nachmittagsbetreuung den zuvor geschriebenen Zettel, auf dem steht, dass er wegen des Klavierkonzerts früher wegdarf, abgegeben hat. Vielleicht wäre es gut, wenn sich beide einmal klar werden, welche Aufgaben überhaupt zu erledigen sind, bevor man (unterbewusst) davon ausgeht, dass die Eine oder der Andere es schon richten wird.

Und damit will ich nicht sagen, dass alle alles machen müssen oder sollen. Wenn er den besseren Modegeschmack hat und deshalb die Herbstgarderobe der Kids aussucht – toll! Und wenn sie die Steuererklärung einfach zeiteffektiver ausfüllt und mehr rausholt – prima! Natürlich wird die Arbeit für alle weniger und leichter, wenn jeder nach seinen Talenten eingesetzt wird. Aber diese sind unabhängig vom Geschlecht!

Der Fairness halber sollte ich hier hinzufügen, dass auch beim Thema Haus- und Familienarbeit die Sozialisation voll durchschlägt. Die wenigsten Männer hatten Väter, die ihnen in Sachen Kinderbetreuung ein gutes Vorbild gewesen wären. Ihre Väter waren noch viel häufiger nicht zuhause und haben sich oft nicht mal die Frage gestellt, ob und warum sie ihre Ehefrauen in irgendeinem „weiblichen Hoheitsbereich" unterstützen sollten. Wer in einem Umfeld groß geworden ist, in dem Väter gelobt wurden, wenn sie den Muttertag nicht vergaßen und beim Kindergeburtstag drei Stunden früher nach Hause kamen, um zu helfen, der muss sehr gegen die unterbewusste Rolle eines „normalen Mannes" ankämpfen, wenn er an zwei Tagen die Woche seine Kinder vom Sport abholt und somit früher das Büro verlässt oder allein unter Müttern gelangweilt auf dem Spielplatz sitzt. Normalität heißt hier unterbewusst nämlich nicht: „wir teilen uns die Aufgaben hälftig auf", sondern „eigentlich ist das ja die Aufgabe meiner Frau, aber irgendwie wäre es auch unfair, wenn sie alles allein machen muss." Und so kommt es, dass wir Väter bewundern, wenn sie sich überhaupt an der Care-Arbeit beteiligen – auch wenn es ganz nüchtern betrachtet, nicht mal annähernd an eine Gleichverteilung von Rechten und Pflichten rankommt.

Insofern bleibt mir zum Schluss dieses Kapitels nur ein Appell an alle:

Liebe Männer,

es geht nicht darum, vom Spielfeldrand dem eigenen Leben zuzuschauen und alle paar Tage mal den Rasen zu mähen oder die Bälle aufzupumpen.

Es sind EURE Kinder. Es sind EURE Wohnungen. Es ist EUER Urlaub. Ihr seid nicht Zuschauer eures eigenen Lebens und springt mal ein, wenn es eurer Frau zu viel wird. Ihr übernehmt Verantwortung für EUER Leben und ALLES, was dazugehört – jeden einzelnen Tag! Und wenn eure Frauen nicht zufrieden sind mit eurer Leistung, dann strengt ihr euch an und fragt, wie ihr es besser machen könnt. Ihr schmeißt nicht einfach hin und lasst sie allein. Ihr macht das GEMEINSAM!

Liebe Frauen,

eure Männer sind keine Ersatzspieler, die schön auf der Bank sitzen, weil sie es nicht in eure A-Mannschaft geschafft haben. Ihr holt sie nicht erst dann rein, wenn ihr vor Erschöpfung fast zusammenbrecht. Ihr spielt in EINEM Team. Und ihr akzeptiert SEINE Taktiken genauso wie ihr erwartet, dass er eure respektiert. Ihr GEBT ihm Verantwortung, ob er explizit danach fragt oder nicht. Ihr lasst euch HELFEN und FORDERT seine Hilfe aktiv ein. Ihr macht das GEMEINSAM!

Zusammenfassung

Was wir hören:

„Toll, wie dein Mann dich unterstützt." oder *„Mein Mann kann das nicht so gut wie ich."*

Was unser Unterbewusstsein denkt:

* Frauen sind für Heim & Herd verantwortlich
* Wenn Männer unterstützen, dann verdient es besondere Anerkennung
* Männer sind für Kindererziehung und Hausarbeit weniger begabt

Wie wir es ändern können:

Machen Sie gemeinsam mit Ihrem Partner oder Ihrer Partnerin eine Liste aller (!) Aufgaben, die zuhause erledigt werden müssen, und teilen Sie diese gerecht (50/50) auf.

Gleichberechtigung ist erst erreicht, wenn eine Frau genauso durchschnittlich sein kann wie ein Mann - ohne dass es auf ihr Geschlecht zurückgeführt wird.

Maren Kroymann

ZWÖLFTES KAPITEL

Die ist ja gar keine richtige Frau

„Ich muss sagen, so wie Frau Schmidt heute im Meeting durchgegriffen hat, alle Achtung. Das hätte man einer Frau so gar nicht zugetraut. Ich war wirklich beeindruckt. Ich denke, der Hr. Neuer widerspricht ihr so schnell nicht mehr."

- „Ja, das stimmt. Aber die Schmidt ist ja auch keine richtige Frau."

Interessant! Was genau ist denn eine „richtige" Frau? Bzw. was fehlt denn Frau Schmidt zu ihrer vollständigen Weiblichkeit? Was wir hier beobachten können, ist wieder eine Art von kognitiver Verzerrung. Wir tendieren dazu, Informationen, die unsere

Überzeugung bestätigen, mehr Aufmerksamkeit zu widmen bzw. aktiv nach solchen zu suchen (**Confirmation Bias**). Sollte das gerade Gesehene oder Erlebte nicht in unser unterbewusstes Weltbild passen, versuchen wir Widersprüche zu relativieren. Wenn man z.B. der Meinung ist, dass erfolgreiche Frauen im eigenen Weltbild nichts zu suchen haben, dann gibt es verschiedene Möglichkeiten, unserem Unterbewusstsein diese Abweichungen plausibel zu erklären.[36]

Wir können die Inkonsistenz wegerklären: *„Die ist ja nur wegen der Quote befördert worden!"*

Es wird schon irgendeinen Grund geben, warum unser Stereotyp hier nicht greift. Wir suchen dann sehr intensiv nach Ursachen und finden meist auch irgendwelche „besonderen Umstände", die uns erklären, warum die Dinge so sind, wie sie sind. Während erfolgreiche Frauen früher einfach vermeintlich oft „Glück hatten", dient heute die „Quote" als optimale Rechtfertigung. Da wird nicht lange nach speziellen Qualifikationen, erbrachten Leistungen oder besonderen Fähigkeiten gesucht. Die simple „Frauenquote" reicht aus, um diesen inneren Widerspruch aufzulösen. Viele Frauen sind genau deshalb kein Freund der „Frauenquote". Denn anstelle einer stärkeren Gleichberechtigung, dient sie teilweise einfach der Bestätigung des unterbewussten Gender Bias. „Ohne Quote wäre die Frau nie auf diese Position gekommen... wo sie auch eigentlich gar nicht hingehört."

Wir bilden einen Subtyp: *„Das ist eine Karrierefrau. Normale Frauen sind nicht so erfolgreich. "*

Wenn man Inkonsistenzen nicht wegerklären kann, greift man oft auf spezifischere Subtypen zurück. Hier werden soziale Kategorien enger zusammengefasst, um bestimmte Personen bewusst auszuklammern. Wenn die Quote z.B. nicht greift, dann kann man die Kolleginnen, die man selbst als kompetent einstuft, in eine Extragruppe packen (z.B. „Karrierefrauen") und somit weiter rechtfertigen, warum nicht alle Frauen im Geschäftsleben erfolgreich sein können. Wenn diese Frau dann auch noch weitere Abweichungen zum eigenen Weltbild aufzeigt, fühlt man sich vollends auf der sicheren Seite: „Das ist so eine karrieregeile Emanze. Die hat ja nicht mal Kinder." Denn wir haben ja schon gelernt, dass eine Frau ohne Kinder irgendwie auch keine richtige Frau ist. Sie entspricht einfach nicht unserem erlernten Stereotypen.

Wir bilden einen Kontrast: *„Angela Merkel ist ja gar keine richtige Frau. Die ist Physikerin."*

Denn wenn sie eine wäre, dann müsste ich ja anfangen, mir einzugestehen, dass meine Vorurteile gegen Frauen in der Politik vielleicht doch nicht stimmen. Um hier weiter am eigenen Bias festhalten zu können, klammern wir besonders außergewöhnliche Personen einfach aus. So nach dem Motto: Ausnahmen bestätigen bekanntlich die Regel. Die Andersartigkeit macht sie zur Ausnahme von der Regel. Physikerinnen sind demnach keine „echten" Gruppenmitglieder und dürfen unsere Stereotypen nicht beeinflussen.

Ist es nicht erstaunlich, wie viel Mühe wir uns geben, unsere unterbewussten Biases weiter aufrecht zu erhalten? Wir könnten die ganze Energie auch einfach in das Hinterfragen unserer Stereotypen stecken. Aber dies tun wir meist erst dann, wenn wir wirklich nicht mehr anders können.

Problematisch wird es für unser Unterbewusstsein erst dann, wenn es sich nicht mehr um Einzelfälle handelt. Wenn wir vermehrt Frauen in Führungspositionen sehen, die nicht wegen einer vermeintlichen Quote dort gelandet sind, dann bröckelt unser Erklärungsgerüst. Wenn auf einmal so viele Frauen erfolgreich sind, dass man keine Subtypen mehr bilden kann. Wenn die „Karrierefrau" zur Regel wird, dann hält die Ausnahme nicht mehr stand. Wenn immer mehr berufstätige Mütter in Führungsetagen die Geschicke von Unternehmen lenken, dann läuft die Suche des **Confirmation Bias** langsam ins Leere.

Gerade deshalb ist es auch so wichtig, nicht eine oder zwei Frauen in der Führungsmannschaft zu haben, sondern viele! Solange wir uns im Bereich der „Ausnahme" befinden, werden wir Stereotypen nicht überwinden können. Denn wie soll denn eine Frau allein alle Gender Biases, die mir über Jahrzehnte antrainiert wurden, ausmerzen? Da ist es für mein Unterbewusstsein schon leichter, diese eine Ausnahme kurz auszublenden. Wir sind ja immer bemüht, die Abkürzungen in unserem Gehirn zu nutzen, um Energie zu sparen.

Zusammenfassung

Was wir hören:

„Das ist ja gar keine richtige Frau." oder *„Die hat es nur wegen der Quote geschafft."*

Was unser Unterbewusstsein denkt:

* Sobald Menschen nicht mehr in unser stereotypisches Weltbild passen, suchen wir nach Gründen
* Glück, Frauenquote oder fehlende Kinder können „plausible" Erklärungen sein, warum Frauen erfolgreich sind

Wie wir es ändern können:

Beobachten Sie sich selbst einmal, wann Sie anfangen, äußere Bestätigungen für Ihre unterbewussten Muster zu suchen. Sie halten Franzosen für arrogant, aber der Kellner im kleinen französischen Bistro ist extrem nett. Muss wohl daran liegen, dass er schon so lange in Deutschland ist …

Nur weil wir einer Gruppe angehören, die historisch gesehen immer diskriminiert wurde, soll uns das nicht davon abhalten, unser Talent voll auszuschöpfen, das zu tun, was wir wirklich wollen.

Ruth Bader Ginsburg

DREIZEHNTES KAPITEL

Besser keine Verant-wortung

„Aber wenn es hart auf hart kommt, wollen Frauen den CEO-Job gar nicht und Männer müssen sich wieder aufopfern."

Tatsächlich hört man von einigen weiblichen Führungskräften immer mal wieder, dass sie gar nicht Vorstand werden möchten. „Ihnen sei der Job zu stressig."

Bähm! „Das habe ich ja immer gewusst", mögen sich jetzt einige Männer zurufen. „Erst groß rumjammern und wenn es dann ernst wird, müssen die Männer wieder alle Verantwortung übernehmen."

Eigentlich hatte ich überlegt, an dieser Stelle das Kapitel zu beenden, in der Hoffnung, dass Sie bis hierher schon so viel Gedankenfutter bekommen haben, um selbst festzustellen, weswegen man diese Aussagen nicht einfach so stehen lassen kann. Und dann kam mir eine Empfehlung einer früheren Chefin wieder in den Sinn: „Keiner kann deine Gedanken lesen! Du musst schon sagen, was dir durch den Kopf geht."

Recht hat sie. Also, was geht mir durch den Kopf, wenn ich eine sehr pauschale Aussage höre, dass Frauen keine Lust auf Verantwortung hätten. Im Grunde ist dieses Kapitel eine Art Sammlung vieler Biases, die wir bis hierher kennengelernt haben und fasst den Gemütszustand vieler erfolgreicher Frauen zusammen.

Erstens: Fangen wir mal mit einem Blick auf die Zahlen an. Wir sind uns einig, dass trotz vielfältigster Frauenförderung in den letzten Jahrzehnten kaum mehr weibliche CEOs und Vorstände in Amt und Würden gekommen sind. Interessant finde ich die Aussage, dass dies ja dann wohl nur daran liegen kann, dass Frauen diese Verantwortung gar nicht möchten und die Zahlen ein sehr getreues Bild der Realität widerspiegeln. Sollen wir ernsthaft glauben, dass über 90% der Männer in

Europa gerne CEO werden möchten, aber weniger als 10% der Frauen? Tatsächlich zeigen, Studien, dass zu Beginn ihrer Karriere Männer (54%) und Frauen (45%) sich sehr gut vorstellen können, einmal die Geschicke eines Unternehmens zu leiten. Für Frauen nimmt der Zuspruch im Laufe ihres Berufslebens stetig ab, während der Wert bei Männern recht stabil bleibt.[37] Schauen wir also mal weiter, warum Frauen immer mehr den Mut und vielleicht auch die Lust am Vorstandsposten verlieren.

Zweitens: Frauen haben von klein auf unterbewusst gelernt, dass die verantwortungsvollen Jobs von Männern gemacht werden. Ihre Mütter hatten – wenn sie überhaupt berufstätig waren – statistisch immer einen Chef, der ihnen sagte, wo es langgeht. Die berühmten Role Models fehlten in der Kindheit meist komplett. Und dann hat der Gender Bias auch noch dazu geführt, dass Jungs die Familie „ernähren" und Mädchen sich um die Familie „kümmern".

Endlich im Job angekommen, stellen sich erste Erfolge ein und Frauen freuen sich, nun endlich die Gleichberechtigung erleben zu dürfen. Aber desto weiter sie beruflich in Unternehmen vorankommen, desto häufiger hören sie, wie sie sich verändern sollen (siehe auch das Kapitel: „Irgendwas dazwischen"). Im Unterbewusstsein verankert sich zunehmend das Gefühl „Ich muss männlicher werden". Und weil das nicht so richtig gelingen mag, macht sich ein weiterer Gedanke breit: „Ich sollte vielleicht besser keine Verantwortung übernehmen, weil ich nicht so gut führen kann wie ein Mann." Das mag vielleicht von außen betrachtet absurd erscheinen. Zumal wir ständig lesen, dass es im 21. Jahrhundert mehr „emphatische, weibliche Führung" braucht. Aber dennoch ist das Führungsbild in den meisten Unternehmen sehr dominant, effizient und machtgetrieben. Und diese Eigenschaften werden Frauen ja (unterbewusst) regelmäßig abgesprochen. Die **Stereotype Threat Theory** besagt, dass unsere Stereotypen so tief in uns verankert sind, dass wir unser Handeln unterbewusst immer wieder daran ausrichten und versuchen, diese zu erfüllen. Wenn uns also immer wieder gesagt wird, dass wir nicht so ehrgeizig sind, so zielgerichtet agieren, so sicher mit Macht umgehen können wie Männer, dann beginnt man das unweigerlich zu glauben. Es ist im Grunde wie eine selbsterfüllende Prophezeiung: wenn ich mit Macht nicht umgehen kann, dann sollte ich vielleicht besser nicht ins Zentrum der Macht eintreten und besser keine weitere Verantwortung im Job übernehmen.

Drittens: Frauen übernehmen schon so viel Verantwortung an anderen Stellen – vielleicht haben sie wirklich Angst, daran zu Grunde zu gehen. Denn wenn sie CEO werden, heißt das ja nicht, dass sie irgendwo anders automatisch die Verantwortung abgeben dürfen. Dafür müssen sie hart kämpfen. Und damit meine ich nicht, die organisatorischen Schwierigkeiten, die es mit sich bringt, eine verlässliche Putzkraft oder eine passende Kinderbetreuung zu finden. Damit meine ich die Tatsache, dass unterbewusst überhaupt immer noch erwartet wird, dass frau das Familienleben weiter organisiert (siehe auch das Kapitel „Das bisschen Haushalt"). Natürlich kann sie sich gerne Hilfe besorgen, aber der **Mental Load** hört ja dadurch nicht auf. Vervollständigen Sie mal den Satz: „Hinter jedem erfolgreichen Mann steht …" Richtig! Eine „starke Frau". Wahnsinnig diskriminierend, übrigens! *Unconscious bias at its best.* „Starke" Frau meint hier nur leider nicht „beruflich erfolgreich", sondern eher einen geschlechter-stereotypischen Rockstar. Eine gute Fee, die Haus und Hof in Ordnung hält. Eine Vertraute, bei der der erfolgreiche gestresste Mann, seinen emotionalen Ballast abladen kann. Eine tolle Mutter, die sich darum kümmert, dass die Kinder eine vorzeigbare Entwicklung hinlegen (siehe auch Kapitel „Die Sache mit den Kindern"). Eine adrette Gattin, die man gut auf Gala-Dinners mitnehmen kann. Ich denke, Sie können die Liste selbst weiter vervollständigen. Und „Hinter jeder erfolgreichen Frau steht…" Meist sie selbst. Natürlich unterstützen viele Männer ihre Frauen nach Kräften und machen hier einen tollen Job. Aber die Betonung liegt auf „unterstützen". Die allgemeine gesellschaftliche Erwartungshaltung ist schon, dass sich die Frauen hier nicht komplett „aus der Verantwortung stehlen können." Unser aller Gender Bias sorgt nun mal dafür, dass Frauen sich hier immer noch mehr in der Verantwortung sehen und vor allem gesehen werden. Ist es dann nicht irgendwie auch nachvollziehbar, dass Frauen nicht sofort euphorisch „Hier!" schreien, wenn der nächste Verantwortungsschub ansteht? Denn wenn Familie, Haus und Karriere weiter voll bedient werden wollen, dann bleibt eine Person sicher auf der Strecke. Und das ist die „erfolgreiche Frau" selbst. Das ist ein verdammt hoher Preis, den Männer so nicht bezahlen müssen.

Viertens: Jede weitere Beförderung bedeutet noch mehr Exotinnentum, noch mehr Einsamkeit, noch mehr Kampf gegen jede Art von Gender Bias. Vielleicht haben Frauen ja gar keine Angst vor der Verantwortung, die mit der neuen Stelle einhergeht, sondern einfach nur keine Lust mehr auf noch mehr

Kämpfe gehen den Unconscious Bias? Wir alle fühlen uns wohler, wenn wir uns mit Menschen umgeben, die uns ähnlich sind (siehe auch Kapitel „Zusammen aufs Klo"). Der bereits zitierte In-Group Bias lässt uns unterbewusst nach Personen suchen, die unsere Wertevorstellungen, unsere Erfahrungen und unsere Lebenswelt teilen. Doch die werden für Frauen in Führungspositionen immer rarer. Und das betrifft nicht nur zwangsläufig das Geschlecht. Das Gefühl, für eine bestimmte Führungskultur im Unternehmen nicht gemacht zu sein, haben auch viele Männer. Sie wollen dann nicht befördert werden, weil sie wissen, dass es nicht zu ihnen passen wird. Und sie werden es dann meist auch nicht. Der einzige Unterschied zwischen der männlichen und der weiblichen Entscheidung, den nächsten Schritt nicht zu gehen? Bei Männern fällt es nicht auf. Klar, es sind ja so viele – die können ja nicht alle gleich sein und gern CEO werden wollen. Bei Frauen ist es aber gleich eine Schlagzeile in einem führenden Wirtschaftsmagazin: *Frauen wollen nicht führen.*

Fünftens: Aus zahlreichen Gesprächen habe ich mitgenommen, dass die meisten Frauen eher partnerschaftlich und vertrauensvoll zusammenarbeiten wollen. Machtkämpfe und reine Egotrips sind ihnen unangenehm. Sie haben Angst, dass sie der Job und das männliche Umfeld „korrumpieren". Sie wollen sich nicht an ein (männliches) Führungssystem anpassen, dessen Werte sie nicht teilen. Und die Hoffnung, dass sie allein das Führungssystem ändern werden, ist recht begrenzt. Eher haben sie die Befürchtung, dass sie geändert werden. Jim Rohn hat es einmal sehr treffend formuliert: *Du bist der Durchschnitt der fünf Menschen, mit denen du die meiste Zeit verbringst.* Und in Führungspositionen arbeitet man viel und verbringt demnach auch viel Zeit mit den Kolleg:innen. Zudem haben wir unterbewusst immer den Wunsch uns der Gruppe bzw. Mehrheit anzupassen. Die Psychologie nennt dies **Conformity Bias**. Es kostet uns weniger Energie und wir fühlen uns wohler, wenn wir uns der Gruppenmeinung anpassen als unsere eigene, persönliche Wertvorstellung zu vertreten. Klingt feige und bequem? Mag sein. Aber es ist zutiefst menschlich und wir machen es alle täglich. Und solange Sie nicht der eine Mann sind, der in einem Kreis von erfolgreichen Frauen versucht, eine konträrere Meinung zu vertreten, wäre ich mit Verurteilungen vorsichtig.

Sechstens: Jede Führungskraft möchte gerne auf Basis ihrer Fähigkeiten, Kompetenzen und Stärken evaluiert werden. Nur ist Frauen dies beim Schritt in eine verantwortungsvollere Position leider nicht immer erlaubt. Der Gedanke, die berühmte Quotenfrau zu sein, schwingt vielleicht nicht bei der Frau selbst mit. Aber sicher bei vielen Herren um sie herum – vor allem, wenn diese sich auch Hoffnungen auf die Stelle gemacht haben (siehe auch Kapitel „Der diskriminierte Mann"). Zudem müssen erfolgreiche Frauen, eben weil es so wenige sind, immer als Stellvertreterinnen für ihr ganzes Geschlecht herhalten. Kleine Anekdote am Rande: im Jahr 2021 gab es in deutschen Börsenunternehmen mehr Vorstandsvorsitzende, die Christian hießen (9) als weibliche Vorstandsvorsitzende (8).[38] Das zeigt sehr schön, dass Männer als Einzelpersonen wahrgenommen und beurteilt werden – Frauen oft zuerst auf Basis ihres Geschlechts.

„Wir hatten doch schon mal eine Frau auf der Position und die ist gescheitert. Besser nicht nochmal."

Wie viele Männer sind denn bislang auf dieser oder einer ähnlichen Stelle gescheitert? Das interessiert praktisch niemanden. Weil wenn ein Mann scheitert, dann scheitert Hr. Schmidt oder Hr. Müller. Dann scheitert ein Christian oder ein Thomas. Wenn eine Frau scheitert, dann scheitert sie immer als „Frau", weil es ja gar nicht genug Beispiele gäbe, um verschiedene Frauentypen zu differenzieren. Eine ganz schön große

Verantwortung, die man hier als Frau – neben dem eigentlichen Job – noch übernimmt.

Gruppenbild mit Dame

Kleiner Exkurs: Haben Sie schon mal in einem rheinhessischen Weinlokal versucht, ein „Glas Wein" zu bestellen?

Die Servicekraft wird Sie praktisch nicht verstehen:

„Schon klar, aber welcher Wein?"

„Ein Weißwein."

„Welcher Weißwein?"

„Trockener"

„Oh Mann, wir haben vier Sorten trockenen Riesling, drei Sorten Grauburgunder, drei Mal Chardonnay, zwei Silvaner, einen Sauvignon Blanc."

„Ach, bringen Sie mir einfach ein Bier."

Wenn Sie aus einer Region kommen, in der Sie sich glücklich schätzen können, dass Sie auf der Karte einen Rotwein, einen Weißwein und einen Rosé finden, werden Sie die zitierte Konversation wahrscheinlich nur schwer nachvollziehen können. Alle Weinkenner werden sich beim gezeigten Dialog die Köpfe schütteln.

Das mag jetzt überspitzt klingen, aber die Gespräche um Frauen in Führungspositionen haben eine gewisse Ähnlichkeit:

„Wir müssen die Abteilungsleitungsstelle neu ausschreiben. Ich denke, es wäre gut, wenn wir hier mal ein Zeichen setzen und eine Frau befördern."

„Mit welchem Background?"

„Egal. Vielleicht irgendwas mit Medien."

„Und mit welchen Skills?"

„Mmh. Gerne empathisch"

„Oh Mann, wir könnten Frau Meier nehmen. Sie ist ausgebildete Atomphysikerin und hat mehrere Wissenschaftspreise gewonnen. Oder Fr. Müller. Sie ist gerade zu einer der Top-Speakerinnen des Landes ausgezeichnet worden und macht die dritthöchsten Umsätze im Unternehmen."

„Ach, eigentlich egal. Hauptsache eine Frau ... Ach, und wenn sie noch Kinder hätte, wäre das auch cool."

Jetzt mal Hand aufs Herz: Will man unter allen den in diesem Buch geschilderten Umständen überhaupt Karriere machen? Ist es erstrebenswert so viel Energie und Willenskraft aufzubringen für etwas, das an so vielen Stellen und von so vielen Menschen jeden Tag wieder aufs Neue sabotiert wird? Will man wirklich eine Position besetzen, auf der man die Wahl hat a) zu scheitern, weil man eine Frau ist oder b) erfolgreich zu sein, weil man keine „richtige" Frau ist?

Wann immer eine Frau also zögerlich reagiert, beim Angebot einer neuen verantwortungsvollen Rolle, sollten wir uns klar machen, dass in ihrem Kopf nicht nur der Film der ausschweifenden Beförderungsparty abläuft. Sondern eine ganze Reihe von Filmen parallel, deren Happy End leider nicht so vorhersehbar ist wie in gängigen Hollywood Filmen, in denen die klassischen Rollenklischees übrigens auch immer noch stark wiederholt werden.

Wir sollten also Frauen nicht vorschnell fehlende Kompetenz und Willenskraft vorwerfen, sondern eher versuchen, die im Buch beschriebenen inneren, unterbewussten Konflikte aufzulösen.

Zusammenfassung

Was wir hören:

„Frauen wollen nicht führen / keine Verantwortung."

Was unser Unterbewusstsein denkt:

* Wenn Frauen wirklich Verantwortung übernehmen wollen würden, dann hätten sie es längst tun können
* Frauen übernehmen zuhause schon so viel Verantwortung, da wird es mit einem anspruchsvollen Job schnell zu stressig

Wie wir es ändern können:

Wir sollten uns bewusstwerden, gegen welche Biases Frauen heute im privaten und beruflichen Umfeld ankämpfen müssen. Und erst wenn wir sicher sein können, dass wir jeden einzelnen besprochen und aus der Welt geschafft haben, wissen wir, ob diese Frau wirklich keine weitere Verantwortung übernehmen möchte.

Was nützen mir die Farben,
wenn ich nicht weiß,
was ich malen soll?

Michel de Montaigne

VIERZEHNTES KAPITEL

Das hohe Lied der Diversität

„Wir sind doch längst gleichberechtigt. So gut wie heute, ging es Frauen noch nie. Hört endlich auf zu jammern."

Ich gebe zu, dass man nach der Lektüre der vorherigen Kapitel schon den Eindruck gewinnen kann, dass alles schlecht ist. Das stimmt natürlich nicht. Die Anteile von Frauen in Führungsetagen steigen seit Jahren an. Und fast jedes Unternehmen macht sich Gedanken, wie es mehr Diversität in die Führungsriege bekommt. Es wurde noch nie so viel in Frauenförderung investiert und noch nie so viel über Diversität gesprochen wie zurzeit. Die Talkshows und Bestsellerlisten sind voll von diesem Thema.

Doch auch hier greifen Biases, die unsere Wahrnehmung verzerren. Zum einen erinnern wir uns stärker an Dinge, die uns zeitlich oder räumlich näher sind (**Distance Bias**). Dies gilt zum Beispiel für Menschen, die wir häufiger sehen. Ganz nebenbei ist das übrigens ein Riesenproblem des heutigen „Remote Workings". Hier gilt nämlich im wahrsten Sinne „aus den Augen, aus dem Sinn". Wir erinnern uns immer mehr an die Personen, mit denen wir tagtäglich zu tun haben – am besten noch live und in Farbe. Aber die kognitive Verzerrung gilt auch für Themen, mit denen wir in jüngster Zeit konfrontiert wurden. Wenn wir also zuhause und im Unternehmen ständig über die Gleichberechtigung von Mann und Frau sprechen und über Chancengleichheit im Job, dann ist dieses Thema in unseren Köpfen so präsent, dass man schnell das Gefühl haben kann, dass dort längst mit Hochdruck dran gearbeitet wird und das Problem somit gelöst sei. „Noch mehr kann man doch nun wirklich nicht machen. Dann reden wir ja bald über nichts anders mehr."

Zum anderen glauben wir Sachverhalten umso mehr, desto häufiger wir sie hören. Wenn wir wiederholt darauf aufmerksam gemacht werden, dass es immer mehr Frauen in Führungspositionen gibt, wenn wir

im Intranet immer wieder von tollen „Frauen-Events"
lesen und mindestens einmal die Woche über eine
„Powerfrau" in den Medien berichtet wird, dann
überschätzen wir automatisch den Effekt (**Mere
Exposure Effect**). Wir glauben, dass alle diese
Bemühungen um *female empowerment* eine viel höhere
Wertigkeit besitzen als sie es in Wirklichkeit tun. In der
Werbung kann man dieses Phänomen auch häufiger
beobachten: Man meint, eine Botschaft sei wahr
und dies allein, weil man sie zum wiederholten Male
gehört hat.

Aber von Gleichberechtigung sind wir trotz aller
medialen Aufmerksamkeit noch weit entfernt.

> Gleichberechtigung
> [Substantiv, feminin], Bedeutung: *gleiches Recht*

Die Betonung liegt hier nämlich vor allem auf *gleich*.
Rein mathematisch müsste *gleich* eigentlich *hälftig* sein
– *zu gleichen Teilen.* Davon sind wir aber unbestritten
noch sehr weit entfernt. Interessanterweise glauben wir,
dass ein ausgewogenes Geschlechterverhältnis vorliegt,
wenn sich ca. 25% Frauen im Raum befinden. Schon
erstaunlich, wie unsere Wahrnehmung uns hier trügen

kann. Unterbewusst glauben wir: „Wow, das sind ja richtig viele Frauen hier! Endlich klappt das mit der Gleichberechtigung mal." Aber dass wir immer noch meilenweit von echter *Gleich-Berechtigung* entfernt sind, wird uns gar nicht bewusst. In vielen Unternehmen scheint man das berühmte Pareto-Prinzip auch auf Gleichberechtigung anzulegen: Wenn 20% der Frauen 80% der Diversity ausmachen, hat man seine Ziele recht effizient erreicht. Dass die Rechnung so nicht aufgeht, dürfte klar sein, nicht wahr?

Natürlich kann es nicht unser Ziel sein, jedes Unternehmen und jeden Job paritätisch zwischen allen Geschlechtern aufzuteilen. Ich höre schon die ersten Kommentare: „Das ist ja wie im Sozialismus". Natürlich sollten wir niemanden zwingen, einen bestimmten Beruf auszuüben, nur damit die Quote (männlich oder weiblich – je nach Berufsgruppe) erfüllt wird. Es geht hier nicht um eine von oben verordnete Gleichmachung der Geschlechter, sondern darum, für alle die gleichen Bedingungen zu schaffen, damit **alle die gleiche Wahl** haben. Und mir ist durchaus bewusst, dass diese Debatte hier gerade sehr verkürzt dargestellt wird. Zu gleichen Ausgangsbedingungen gehört selbstverständlich auch der Zugang zu Bildung, die Entkopplung der beruflichen Chancen vom Einkommen der Eltern oder z.B. die soziale und ethnische Herkunft. Und vieles mehr. Dieses Buch hat nicht den Anspruch, eine vollumfassende Lösung der Gleichberechtigungsdebatte zu liefern. Ich möchte lediglich ein Puzzleteil in die Diskussion einbringen, dass meines Erachtens bislang zu wenig berücksichtigt wurde: unser aller Unconscious Bias – unsere kognitiven Verzerrungen der Realität. Und solange Frauen sich unterbewusst nicht trauen, sich auf eine Stelle zu bewerben, weil Frauen das nicht so gut können, sind wir noch nicht gleichberechtigt. Solange Männer unterbewusst Frauen eher am Flipchart und sich selbst eher an der Spitze des Tisches sehen, sind wir noch nicht gleichberechtigt. Solange Frauen ihre Karrieren immer noch in eine Phase „vor und nach Kindern" planen und Männer nicht, sind wir noch nicht gleichberechtigt. Solange die Bestellung von Frauen in den Vorstand eine Schlagzeile in mehreren Wirtschaftsmagazinen ist und die von Männern nur eine Randnotiz im Newsticker, sind wir noch nicht gleichberechtigt.

Wenn wir wirklich wollen, dass alle (!) Frauen eine Wahl haben, dann müssen wir weiter. Wenn wir in Hochglanzmagazinen nicht nur über die supererfolgreichen, weißen, blonden und dünnen

Frauen mit Doktortitel und mindestens vier Kindern, die alles mit Leichtigkeit wuppen, lesen wollen, müssen wir weiter. Wenn wir wollen, dass alle Frauen sich ihren eigenen Weg aussuchen können und sie zumindest das Gefühl haben, dass es auch für sie eine Wahl gibt, dann müssen wir weiter. Und nein, ich möchte nicht alle Frauen ins Büro und alle Männer an den Herd verdonnern. Es geht mir eben darum, dass wir eine Wahl haben. Dass wir selbstbestimmt entscheiden können, welches Lebensmodell wir wählen. Und warum ich dann nur über berufstätige Frauen schreibe und nicht über Hausfrauen? Weil wir die Rolle als Hausfrau schon haben. Jedes unterbewusste Muster – bei Männern und Frauen – spricht uns diese Rolle zu. Dafür müssen wir nicht mehr kämpfen. Wer sich freiwillig und glücklich für eine Rolle zuhause entscheidet, wird weniger sozialen Widerstand spüren – sofern es sich um eine Frau handelt.

Gleichberechtigung ist dann erreicht, wenn jeder und jede sich vorstellen kann, diverse Rollen im Leben einzunehmen. Und nicht, wenn man das Gefühl hat, es gibt eine „natürliche Rolle" für sich und ab jetzt arbeitet man dagegen an.

Eins ist eine einsame Zahl

Von den 160 börsennotierten Unternehmen in Deutschland haben 74% mindestens eine Frau im Vorstand. EINE! Sprichwörtlich sagt man auch gerne „Eine ist keine" und da ist leider viel dran.

Von einem ausgewogenen Geschlechterverhältnis spricht man, wenn der Anteil der unterrepräsentierten Gruppe mindestens 40 Prozent beträgt. Deutschland ist das einzige Land in diesem Vergleich, in dem kein einziges der 30 Großunternehmen diesen Wert erreicht.[39]

Das heißt, dass wir mit Aussagen wie „wir sind doch längst gleichberechtigt" sehr vorsichtig sein müssen. Auch wenn der Frauenanteil in Führungsetagen stetig steigt, so sind wir doch weit davon entfernt, dass es einen wirklichen Effekt hat. Eine ist einfach nicht genug. Wir wissen aus zahlreichen Studien, dass Frauen eher Opfer von diskriminierenden Handlungen werden als Männer. Aber der Effekt ist umso schlimmer, wenn sie allein sind. In Gruppen mit nur einer Frau geben 45% der Frauen an, dass ihr Urteil und ihre Kompetenz ständig in Frage gestellt werden. In Gruppen mit mehreren Frauen erleben das nur noch 31% so. 28% aller Frauen sagen, dass sie häufiger in ihren

Ausführungen unterbrochen werden als andere – in Gruppen mit nur einer Frau, geben das 47% der Frauen an.[40] Eine Frau mag nach außen einen Fortschritt in Sachen Diversität darstellen. Aber den kulturellen Wandel kann sie allein auch nicht treiben. Zumal es für sie als einzige Vertreterin ihres Geschlechts sogar noch schwerer ist, Gehör zu finden.

Geschlecht ist nicht gleich Diversität

Es scheint offensichtlich, aber ich möchte er hier noch einmal ganz explizit erwähnen: Diversität geht weit (!) über das biologische Geschlecht hinaus und sollte auf gar keinen Fall nur auf die Männer-Frauen-Debatte reduziert werden. Der Bericht der Allbright-Stiftung zeigt auf, dass wir auch bei Nationalität, kulturellem und ethnischem Background sowie bei der Ausbildung noch viel Spielraum in deutschen Führungsetagen für mehr Diversität haben.

Das durchschnittliche Mitglied eines deutschen Vorstands ist zu 87% männlich, zu 75% deutsch, hat zu 50% BWL studiert und zu 66% die Ausbildung in Westdeutschland genossen...[41]

Und ich würde hier noch einen Schritt weitergehen. Diversität entsteht im Kopf und drückt sich meist äußerlich über Geschlecht, Ausbildung, sexuelle Orientierung, unterschiedliche Lebensentwürfe oder Alter aus. Aber das muss nicht zwingend so sein. Es gibt sehr „männliche Frauen" (vor allem in den Führungsetagen großer Unternehmen) und sehr „weibliche Männer". Es gibt wahnsinnig kreative Controller und super eintönige Künstlerinnen. Wenn wir wirklich mehr Diversität suchen, dann müssen wir andere Denkmuster zulassen. Die Neurowissenschaftlerin Friederike Fabritius fordert in ihrem Buch mehr *Neuro-Signature-Diversity*: es geht nicht zwingend darum, nur mehr Frauen zu befördern, sondern Menschen die vielfältig denken und handeln.[42] Die andere Wege als die bereits bekannten zum Finden von Lösungen beschreiten. Und da wir nun vielfach gesehen haben, welchen großen Einfluss unsere Sozialisation auf unser Denken und (unterbewusstes) Handeln hat, hilft es natürlich, Menschen verschiedenster Herkunft und Geschlechts zusammenzubringen. Wenn es also wirklich um mehr Vielfalt geht, dann sind mehr Frauen in Führungspositionen unerlässlich. Aber gleichzeitig auch nur ein Teil der Lösung.

Culture eats strategy for breakfast

Wenn ich Männer frage, warum sie eigentlich mehr Frauen im Unternehmen und vor allem im Führungskreis haben möchten, dann klingen die Antworten oft so:

„Das ist heute eine wirtschaftliche Notwendigkeit. Wir können es uns nicht leisten, auf die Hälfte der qualifizierten Ressourcen da draußen zu verzichten."

„Es ist mittlerweile ein Wettbewerbsnachteil: immer häufiger höre ich von Kund:innen oder Bewerber:innen, dass sie uns zu männlich finden."

„Wie sieht das sonst aus in der Öffentlichkeit? Wir brauchen keinen Shitstorm, weil wir zu wenige Frauen haben."

„Ganz einfach: weil unser Aufsichtsrat es uns in die Ziele geschrieben hat."

Merken Sie was? Das sind alles sehr gute Gründe. Aber sie sind alle extrinsisch – also von außen – motiviert. Aufsichtsrat, Kunden, Bewerber … immer Menschen von außen, die mehr Diversität im Unternehmen fordern.

Die Wenigsten haben mir bislang geantwortet, dass sie auf die großen Fragen der Zukunft – Globalisierung, Klimawandel, ein Ende des endlosen Wachstums, usw. – keine Antwort haben, und dass sie deshalb auf der Suche nach möglichen Lösungen vielfältige Perspektiven brauchen. Diversität ist kein Selbstzweck. Es geht nicht darum, möglichst „bunte" Fotos für die Firmenhomepage zu kreieren. Oder einen Haken an die persönlichen Ziele fürs Tantieme-Gespräch zu machen. Es geht darum, Antworten auf Fragen zu finden, die bislang noch nicht existieren. Wenn das bislang (vermeintlich) erfolgreiche Geschäftsmodell „alter, weißer Männer" in der Zukunft weiterhin eine Chance hätte, die gleichen Wachstumsraten zu erwirtschaften wie noch vor einigen Jahren, würden wir die Diversity-Diskussion wahrscheinlich (leider) gar nicht führen. Aber dass die Götterdämmerung des alten Systems nahe ist, ahnen wohl alle, und damit verbunden startet auch die Suche nach etwas Neuem.

Ich halte es aber für fundamental wichtig, dass wir Diversität nicht um der Diversität Willen suchen. Sondern weil wir davon überzeugt sind, dass uns Vielfalt tatsächlich weiterbringt. Dass wir unterschiedliche Führungsstile brauchen. Dass wir verschiedene

Definitionen von Erfolg benötigen. Dass wir neue Zusammenarbeitsmodelle wollen.

Denn wenn der Diversitätsdebatte nichts als die reine Quote zu Grunde liegt, dann wird Folgendes passieren: Wir rekrutieren spannende Lebensläufe. Wir holen Menschen aller Ethnien und Kulturen ins Unternehmen. Wir verpflichten uns, die Vorstandsgremien möglichst divers zu besetzen. Wir tun alles für eine objektive Vielfalt im Unternehmen. Und halten doch unterbewusst am Glauben an die traditionellen Erfolgsrezepte fest.

Das äußert sich dann z.B. in offenen Brainstorming-Runden, in denen die Chefin das Meeting mit folgenden Worten eröffnet: *„Ich freue mich, dass wir heute alle gemeinsam kreativ werden. Es gibt keine Denkverbote. Alles ist erlaubt. Lasst mich zu Beginn mal kurz erklären, wie ich die Situation sehe …"*

Damit ist jede Kreativität tot. Egal, wie divers und heterogen die Gruppe auch ist, wenn die „guten Ideen" weiterhin von oben kommen, wird die Gruppe sich dem **Conformity Bias** unterwerfen. Das heißt, die Entscheidungen werden eher anhand des Gruppendrucks getroffen und einzelne, eventuell gegenteilige Meinungen werden unterdrückt. Dann kann man sich die mühsamen Quoten auch sparen.

Natürlich muss es ein klares Commitment des oberen Managements zu mehr Diversität geben. Und diese sollte auch monetär in den Zielen verankert sein – weil so nun mal die meisten Unternehmen gesteuert werden. Aber das allein wird nicht reichen.

Es muss zudem eine Wahrnehmung der unterbewussten Biases für alle Mitarbeiter:innen im Unternehmen geben. Es reicht nicht, das Recruiting in ein Anti-Bias-Training zu schicken, wenn die „Mikro-Aggressionen" dann auf allen Ebenen Tag für Tag lustig weitergehen. Solange unpassende Kommentare zum Aussehen zur Tagesordnung gehören und die Verteilung der Aufgaben auf Basis unterbewusster Rollenklischees oder stereotypischer Kompetenzzuschreibungen geschehen, braucht es auch keine Werte- und Diversity-Plakate in der Kantine. Ein Schritt zu mehr kulturellem Wandel durch Diversität ist es zum Beispiel sicherzustellen, dass eine Person einer bestimmten Gruppe nicht „die Einzige" ist. Lieber in ein, zwei Gruppen für wirklich Diversität mit zahlreichen Stellvertreter:innen sorgen als überall eine „Quotenfrau" zu installieren. Denn eine

Person wird den kulturellen Wandel im Unternehmen nur sehr schwer allein voranbringen.

Aber am allerwichtigsten ist es, zu erkennen, dass Diversität kein Zwang von außen ist, sondern eine Chance langfristig erfolgreich zu sein. Nur wenn ich im tiefsten Inneren davon überzeugt bin, dass Vielfalt bessere Ergebnisse bringt als Eintönigkeit, habe ich überhaupt eine Chance meine vielen unterbewussten Biases zu überwinden. Ansonsten gewinnt unser sozialisierter Autopilot jeden Tag aufs Neue.

Zusammenfassung

Was wir hören:

„Wir haben die Gleichberechtigung schon erreicht."

Was unser Unterbewusstsein denkt:

* Dadurch, dass wir so häufig mit dem Thema Diversity konfrontiert werden, überschätzen wir den Effekt des bislang Erreichten
* Wir interpretieren Gleichberechtigung nicht als „50:50", sondern als „mehr als früher"

Wie wir es ändern können:

Sich selbst immer wieder die Frage nach dem Maßstab stellen. Sprechen wir wirklich von gleichen Verhältnissen? Und warum wollen wir eigentlich mehr Diversität? Nur weil alle darüber reden, oder weil wir selbst einen Nutzen darin erkennen?

In der Wut verliert der
Mensch seine Intelligenz.

Dalai Lama

FÜNFZEHNTES KAPITEL

Der diskriminierte Mann

„Die haben da schon wieder eine Frau befördert. So langsam fühle ich mich als Mann echt diskriminiert."

Meine erste Reaktion: „Echt jetzt? Bei immer noch unter 20% Frauen in Führungspositionen[43] fühlst du dich diskriminiert? Interessant."

Aber diese Meinung scheint weit verbreitet. In immer mehr größeren Tageszeitungen und Magazinen findet man Beiträge zur *neuen Kampfzone* zwischen den Geschlechtern. Aufsteigende Frauen, welche die Wohlfühlwelt der Männer zerstören. *Wer Mann ist, um die 50 und karrierewillig, muss sich Sorgen machen. Er wird – sehr oft – nicht mehr gebraucht.*[44]

Tobias Haberl schildert in seinem Buch *Der gekränkte Mann. Verteidigung eines Auslaufmodells* die Zerrissenheit der meisten Männer in der heutigen Welt.[45] Lieb gewonnene Gewohnheiten werden belacht. Lange geglaubte Wertvorstellungen angezweifelt. Sichere Karriereziele in Frage gestellt. Das führt selbstverständlich zu einer großen Verunsicherung auf Seiten karrierewilliger Männer. Und Frauen sind ja nicht mal das einzige Problem! In Zeiten der konstanten Transformation ist unsere **(Maslow'sche) Bedürfnispyramide** konstant am Wackeln.

Hier eine (leicht überspitzte) Zusammenfassung der unterbewussten Gefühlswelt von westlich-geprägten, mittelalten Männern in Anlehnung an Maslow[46]:

Stufe 5 Überall nur noch Purpose - Wo ist die gute, alte Selbstverwirklichung?

Stufe 4 Die klassischen Status- und Machtsymbole bröckeln.

Stufe 3 Das soziale Gefüge wackelt - die Geschlechterrollen verschwimmen.

Stufe 2 Angriff auf die eigenen Werte - das Sicherheitsbedürfnis ist zutiefst erschüttert.

Stufe 1 Klimawandel, Krieg und Pandemien bedrohen sichergeglaubten Lebensraum.

Eigene Darstellung in Anlehnung an Maslow

Stufe 1: Pandemien, kriegerische Auseinandersetzungen und der Klimawandel scheinen unser bislang unzerstörbar geglaubtes Überleben anzugreifen.

Stufe 2: Unser Sicherheitsbedürfnis wird erschüttert durch sich wandelnde Wertvorstellungen. Ich kann mir gar nicht mehr sicher sein, dass das, was ich weiß, auch tatsächlich stimmt.

Stufe 3: Auch die sozialen Gefüge geraten mehr und mehr ins Wanken: Familien bestehen nicht mehr aus Vater, Mutter und zwei Kindern. Bei einigen (wenigen) Firmen sitzen erstmals mehr Frauen im Vorstand als Männer. Und in der katholischen Kirche wird laut über Frauen im Priesteramt gesprochen. Das Bedürfnis, gewissen exklusiven Gruppen angehören zu dürfen, wird zunehmend untergraben.

Stufe 4: In der vierten Stufe dreht sich alles um das Bedürfnis nach Anerkennung, Status und Macht. Gerade, weil die Bedürfnisse auf Stufe 2 und 3 nicht vollständig befriedigt werden können, bedarf es nach Maslow auf der vierten Stufe einer Art „Kompensation". Desto geringer das eigene Selbstwertgefühl ist, desto stärker wird man(n) nach Anerkennung, Macht und Status suchen. Je stärker einem die eigenen Defizite bei Sicherheit oder sozialen Bedürfnissen Angst machen, desto stärker wird man die Bedürfnisbefriedigung in *Spiele mit der Macht*[47] suchen. Marion Knaths schildert in ihrem sehr lesenswerten und kurzweiligen Buch, wie Männer sich diese Anerkennung in der Businesswelt z.B. durch große Büros und Autos, Rangordnungen in Meetings und Allianzen zu sichern versuchen. Umso härter trifft den statussuchenden Mann dann die Riege an selbstbewussten (jüngeren) Kolleginnen und Kollegen, die diese Spielchen für völlig antiquiert halten. Das ohnehin schon (unterbewusst) angekratzte Ego sucht das Heil in noch mehr Status-Kompensation. Wie sonst sollte man erklären, dass die Autos immer größer werden, obwohl der Klimawandel im vollen Gange ist?

Stufe 5: Und dann kommt der ganze „Purpose-Mist". *„Ich arbeite, weil es mir Spaß macht und nicht zum Geldverdienen".* Solche Aussagen treiben den statusbewussten Mann, der sich gerade voll auf Stufe 4 auslebt, in den Wahnsinn. Die ach so hehren Ziele der „Selbstverwirklichungsstufe" klingen nobel, aber sie sind mit dem heutigen Modell eines profitabel wachsenden Unternehmens nur schwer zu vereinen. Umso mehr Unsicherheit schürt es, dass immer mehr Menschen sich offensichtlich zu dieser Art der Bedürfnisbefriedigung hingezogen fühlen.

Wer sich jetzt nach **„den guten alten Zeiten"** zurücksehnt, in denen die Rollen noch klar zugeteilt waren, nur um sich auf Stufe 2 – 4 vermeintlich etwas leichter zu orientieren, dem sei gesagt, dass auch früher Männer nicht wirklich glücklicher waren. Die tatsächliche Selbstverwirklichung schien nicht leicht zu erreichen, wenn man doch für Sicherheit und Wohlstand der Familie sorgen (Stichwort: Alleinernährer) und ständig um Ruhm und Anerkennung kämpfen musste. Stichwort: mein Haus, mein Auto, mein Boot. Menschen, die von sich behaupteten, mit ein paar Büchern in einer Waldhütte glücklich zu sein, wurden doch etwas schräg angeschaut. Auch wenn die Auflösung tradierter Rollenbilder vielleicht kurzzeitig mit etwas Bequemlichkeitsverlust einhergeht („Muss ich jetzt die Tür öffnen oder nicht?"), so bringt sie doch auch für Männer viele Chancen, neue Wege zu gehen, die vor einigen Jahrzehnten noch völlig unvorstellbar waren. Vielleicht lohnt es sich ja, mal darüber nachzudenken, liebe Männer, welche Vorteile ihr aus der Emanzipation von Frauen zieht?

In ihrem sehr beeindruckenden Buch *The Top Five Regrets of the Dying* zählt Bronnie Ware die Dinge auf, die Sterbende in ihren letzten Tagen am meisten bereuen. Status, Macht, Geld oder ein toller Job stehen nicht auf der Liste. Es dreht sich immer darum, warum man nicht (eher) das gemacht hat, was man sich wirklich wünschte. Warum man nicht weniger gearbeitet hat oder einfach glücklicher gelebt hat. Vielleicht bietet das Auflösen von klassischen Rollenmustern auch die Möglichkeit, sich endlich mal den Dingen zu widmen, die man wirklich machen möchte. *Es gibt so viele Menschen, die durchs Leben gehen und die meiste Zeit Dinge tun, von denen sie glauben, dass andere sie von ihnen erwarten,* schreibt Ware.[48]

Aber zurück zum Gefühl der **umgekehrten Diskriminierung**. Wann immer ich darauf aufmerksam mache, dass „Ladies First" nicht zwingend (nur) höflich ist, lautet die Reaktion wie folgt:

„Gut, dann werde ich aber ab sofort auch die Tür nicht mehr aufhalten!"

Auch aus diesem Tür-Kommentar höre ich eine große Unsicherheit heraus. Der Wunsch nach Sicherheit ist einer der fundamentalsten, den wir Menschen verspüren. Wie wir eben gesehen haben, kommt er auf Maslows Pyramide direkt nach den Überlebensinstinkten. **Sicherheitsbedürfnis** heißt nicht nur, dass wir in Sicherheit leben und arbeiten können. Es bedeutet nicht nur die Abwesenheit von Krieg und finanziellen Nöten. Sicherheit bedeutet auch, eine Orientierung in unsicheren Zeiten zu haben. Wir wollen wissen, wie wir uns verhalten sollen. **Normen, Traditionen und Wertvorstellungen, geben uns die Sicherheit, richtig zu handeln.** Wenn diese Orientierung ins Wanken gerät, fühlen wir uns unsicher.

Wer hat sich in Urlaub oder auf einer Dienstreise nicht schon mal unwohl gefühlt aufgrund der vielen, unbekannten Sitten und Bräuche? Der Erfolg von Büchern wie dem *Knigge* ist sicherlich auch ein Stück darin begründet, dass man sich durch starre Regeln die Sicherheit erkauft, alles richtig zu machen. Wie hat Besteck um den Teller angeordnet zu sein, was trage ich zu einer Dinnerparty und wie verhalte ich mich gegenüber dem anderen Geschlecht? Die Benimmregeln erfreuen sich auch heute noch großer Beliebtheit – es gibt sogar Knigge-Apps. Die ursprüngliche Idee von Adolph Freiherr von Knigge, der im Jahr 1788 das Buch *Über den Umgang mit Menschen* schrieb, war übrigens nicht, starre Regeln zu formulieren, sondern vielmehr das zwischenmenschliche Zusammenleben zu erleichtern. Es war sicher nicht in seinem Interesse, dass sich eine Gruppe zurückgesetzt, ja gar verletzt fühlte durch falsch verstandene Höflichkeitsformeln. Die modernisierte Version des Knigges aus dem Jahr 2004 sieht die „Ladies First"-Regeln übrigens auch nur noch mit Einschränkungen vor.

„Und soll ich jetzt die Tür aufhalten oder nicht?"

Wann haben wir eigentlich angefangen, alles immer schwarz-weiß zu sehen? Warum müssen wir immer in absoluten Gegensätzen denken? Kann man nicht respektvoll und trotzdem höflich sein? Wenn ich in der Bahn meinen Koffer nicht ins Ablagefach heben kann (weil ich einfach körperlich zu klein bin), dann freue ich mich natürlich, wenn mir jemand (Frau oder Mann) hilft, dies zu tun. Und ich empfinde es ehrlich gesagt als ziemlich unhöflich, wenn mir jemand (Frau oder Mann) die Tür vor der Nase zuschlägt. Umgekehrt bleibe ich aber auch nicht so lange im Restaurant stehen, bis mir endlich ein Mann die Tür öffnet. Das bekommen die meisten Frauen selbst schon ganz gut allein hin.

Ich frage mich immer, wie Männer das eigentlich regeln, wenn sie unter sich sind. Wird dann ausgelost oder erst eine Runde gepokert? Geht es nach Rangordnung oder danach, wer am meisten getrunken hat? Oder macht man sich vielleicht gar keine Gedanken und es öffnet einfach der die Tür, der am nächsten dran steht? Ist es vielleicht eine dieser unterbewussten Aktionen, über die wir nicht nachdenken, um keine wertvolle Energie zu verschwenden? Wenn dem so ist, dann würde ich mich freuen, wenn dies zukünftig einfach intuitiv abläuft – selbst wenn Frauen in der Gruppe sind.

„Mir reicht es mit der ganzen Frauenförderung. Wann sind endlich mal wieder die Männer dran?"

Interessanterweise führt zu viel des Guten oft eher zu Reaktanz als zu Akzeptanz. Anstatt den Bemühungen um mehr Diversität zuzustimmen, lehnen wir sie ab, weil wir uns genervt oder überfordert fühlen. Männer haben das Gefühl, dass sie komplett abgeschrieben sind und in den nächsten Jahren nur noch als abschreckendes Beispiel dienen dürfen. Und Frauen sind genervt, weil man sie in ein Entwicklungsprogramm nach dem anderen steckt, das doch nur zum Ziel hat, sie besser in den bestehenden Strukturen einzupassen.

Ich denke, es ist durchaus eine Überlegung wert, die klassischen Frauen-Programme zu ersetzen durch Trainings für alle Geschlechter, in denen wir uns über unsere Biases besser bewusstwerden. Dann erkennen Männer vielleicht auch, wie privilegiert sie in der heutigen Business-Welt immer noch sind und dass sie mitnichten „diskriminiert" werden.

Es geht keineswegs darum, ein Geschlecht über das andere zu stellen. Frauen sind nicht die besseren Führungskräfte. Männer auch nicht. Frauen sind nicht intelligenter als Männer. Sie sind aber auch nicht dümmer. Es geht nicht um ein „entweder-oder", sondern um ein „sowohl-als-auch".

Wie hat es Rita Süßmuth einmal so treffend formuliert? Wir sollten uns davor hüten, *Männer- oder Frauenbilder zu entwerfen; wir sollten Bedingungen schaffen, dass Menschen partnerschaftlich ihre Rolle finden.*

Zusammenfassung

Was wir hören:

„Immer nur noch Frauen überall. Ich fühle mich als Mann langsam auch diskriminiert."

Was unser Unterbewusstsein denkt:

* Je mehr über die gleichberechtigte Frau gesprochen wird, desto eher glauben wir, dass es so ist
* Die Datenlage widerspricht hier aber vehement: Männer werden nicht diskriminiert.
* Zu viel des Guten erzeugt oft Reaktanz und Ablehnung

Wie wir es ändern können:

Immer mal wieder einen Blick auf die Zahlen werfen. Unsere Wahrnehmung allein täuscht uns leider sehr häufig. Und wir sollten versuchen, ein gemeinsames Bild für eine diversere Unternehmenskultur zu entwerfen und nicht in einen Kampf der Geschlechter zu verfallen.

You become
what you think about.

Earl Nightingale

SECHZEHNTES KAPITEL

Und jetzt? Was Sie mitnehmen sollten

Aus der weiblichen Perspektive:

Nach all den gezeigten Beispielen kann bei der ein oder anderen Frau schon eine gewisse Frustration hochkommen. Ich bin mir sicher, dass jede Leserin eine oder mehrere Situationen aus diesem Buch in ihrem (Berufs-)Leben bereits einmal erlebt hat. Das zeigt auf der einen Seite die Bedeutung der unterbewussten Muster und deren Auswirkung auf unseren Alltag. Auf der anderen Seite kann sich dadurch auch schnell eine Resignation einstellen.

„Ich kann doch eh nichts daran ändern."

Was bringt es, wenn ich als Einzelkämpferin die Männer mit ihrem Verhalten konfrontiere? Was kann ich allein gegen hunderte, vielleicht tausende ignoranter, im Sinne von nicht wissender, Männer ausrichten? Denn die Hoffnung, dass das Problem „ausstirbt", scheint mir recht unbegründet. Wenn es sich um unterbewusste Muster handelt, die seit Generationen existieren und weitergegeben werden (von Müttern und Vätern), dann werden sich die jungen Männer ja nicht schlagartig einem vollständigen Paradigmenwechsel unterziehen.

Diese Resignationshaltung ist tatsächlich sehr verbreitet und gut nachvollziehbar. Sie unterliegt aber einem weiteren, viel grundsätzlicheren Denkfehler: der Glaube, dass man andere Menschen überhaupt ändern könnte! So schön es auch wäre und so sehr einige Menschen auch behaupten, sie wären in der Lage, das Verhalten von anderen grundsätzlich zu verändern, so falsch ist es leider auch. Der einzige Mensch, der in der Lage ist, Ihr Leben zu ändern, sind Sie selbst. Sie können in dieser Welt nichts kontrollieren außer die Gedanken, die Sie sich selbst machen und die Handlungen, die Sie daraus ableiten. Das mag jetzt sehr deprimierend für Sie klingen, aber eigentlich ist es eine enorm positive und kraftvolle Botschaft. Sie selbst bringen alles mit, um Ihre innere Haltung zu ändern. Sie können bei sich selbst beginnen und Ihre unterbewussten Muster erkennen und wenn nötig ändern. **Denn die Dinge, Situationen und Menschen sind nicht per se so, wie sie sind. Sie sind so, wie wir sie wahrnehmen.** Und das gilt zuallererst mal für uns selbst.

Wenn Sie sich also selbst als unterdrückte Frau sehen, die keine Macht hat, an ihrer Situation etwas zu ändern, dann werden Sie auch genau das sein. Wenn Sie daran glauben, dass sich die Dinge in Ihrer Firma niemals ändern werden, dann werden sie das wohl auch nicht tun. Denn selbst wenn sich objektiv – falls es so etwas überhaupt gibt – die Situation verbessern würden, würden Sie sie immer noch als unvollkommen und negativ bewerten, weil Sie nichts anders sehen wollen. **Jede Veränderung startet bei uns selbst – und nur da!**

Also verstecken Sie sich nicht hinter „der ignoranten Gesellschaft", „der männlichen Unternehmenskultur" oder „der Nicht-Vereinbarkeit von Beruf und Familie". Wenn Sie in Ihrer Opferrolle verharren, wird sich nichts von Alledem ändern. Unser Unterbewusstsein sucht immer nach äußerer Bestätigung der inneren Überzeugungen und Gedanken. Ein Beispiel dieses

Confirmation Bias: alle Schwangeren, mit denen ich je gesprochen habe, haben mir bestätigt, dass ab dem Zeitpunkt, dass sie von ihrer Schwangerschaft wusste, auf einmal um sie herum zig andere Schwangere waren. Als ob die ganze Welt zur gleichen Zeit schwanger wäre. Statistisch gesehen ist das natürlich Quatsch. Die Geburten verteilen sich relativ konstant über die einzelnen Monate. Nein, es liegt einzig und allein an unserer Wahrnehmung. Solange eine Schwangerschaft kein Thema war, hat unser Unterbewusstsein auch alles, was damit zusammenhängt, fein aussortiert. Es gab ja keine innere Motivation, die äußere Aufmerksamkeit darauf zu lenken. Ich hatte ganz zu Beginn dieses Buches schon erwähnt, dass unser Gehirn alle Informationen, die es für irrelevant hält, wegfiltert, um uns nicht gänzlich mit allen Eindrücken der Außenwelt zu überfordern. Aber die Dinge sind trotzdem immer da. Zählen Sie mal die roten Autos, die Sie sehen, wenn Sie planen, ein rotes Auto zukaufen. Womöglich kommen Sie irgendwann zu dem Schluss, dass Rot vielleicht doch keine so gute Farbe sei, weil ja gefühlt jedes zweite Auto da draußen rot ist. Das stimmt natürlich nicht, aber Ihre Wahrnehmung lässt Sie so empfinden.

Perception is reality

Wie wir die Welt wahrnehmen, bestimmt, wie die Welt für uns ist. Das Positive daran ist, dass wir unsere Wahrnehmung ändern können. Also können wir auch die Realität (zumindest für uns) ändern. **Realität ist formbar!** Was wäre also, wenn Sie sich selbst anstelle des armen weiblichen Opfers, das die Machtstrukturen der männlichen Gesellschaft nicht beeinflussen kann, als eine starke, *selbst-bewusste*, im Sinne von sich selbst bewusst seiende, Frau sehen, die unterbewusste Muster durchbricht? Denn wenn Sie selbst nicht daran glauben, dass diese unterbewussten Gewohnheiten veränderbar sind, warum sollten sie sich dann jemals ändern? Noch schlimmer: wenn Sie selbst daran glauben, dass diese Strukturen und Biases so sind, wie sie sind, dann strahlen Sie das auch aus und bekräftigen dies unterbewusst noch weiter.

Wir können unsere unterbewussten Muster nur dann durchbrechen, wenn wir Unbewusstes bewusst und Bewusstes wieder unbewusst machen. Das klingt sehr kompliziert. Aber wenn es einfach wäre, hätten wir die im Buch beschriebenen Dilemmata nicht.

Wenn Sie möchten, dass sich Ihre Realität ändert, dann müssen Sie sich erstmal bewusstwerden, an welchen Glaubenssätzen Sie selbst unbewusst festhalten. **Machen Sie sich Ihrer Muster bewusst.** Dieses Buch hilft dabei, das Unterbewusste sichtbarer zu machen und ihm einen Namen zu geben. Glauben Sie auch, dass Sie die bessere Betreuung für Ihr Kind sind? Denken Sie vielleicht auch, dass Mädchen nicht so gut in Mathematik sind? Erwischen Sie sich auch manchmal dabei, dass Sie die Aufgabe lieber Ihrem männlichen Kollegen überlassen, weil der sich einfach besser durchsetzen kann? Wir alle tragen diese Glaubenssätze mit uns herum. Diese müssen wir uns erstmal bewusst machen. Sonst ändert sich gar nichts.

Das ist aber leider nur die halbe Miete. Denn wenn sich wirklich etwas ändern soll, dann müssen Sie neue Muster schaffen und diese so verinnerlichen, dass Sie sie jederzeit unbewusst abspulen können. Und das kann keiner für Sie übernehmen. Das können Sie nicht delegieren oder bei einem Coach einkaufen. Für die tatsächliche Verinnerlichung neuer, gleichberechtigter Muster sind Sie ganz allein verantwortlich. Den Paradigmenwechsel müssen Sie schon selber vollführen!

Und der läuft in drei Phasen ab:

1. **Werden Sie sich der Muster bewusst!** Achten Sie auf Situationen, in denen unterbewusste Gewohnheiten – bei Männern und Frauen – dazu führen, die Geschlechterrollen weiter zu manifestieren. Wo erkennen Sie einen Unconscious Bias? Wo empfinden Sie Worte, Gesten oder Taten als unangemessen? Schreiben Sie jeden Abend mindestens ein Muster auf, das Sie über den Tag erfahren haben. Sie werden überrascht sein, wo Sie bei sich und anderen überall Automatismen im Handeln erkennen.

2. **Entwickeln Sie neue Muster!** Und dann überlegen Sie sich, wie eine für Sie bessere Realität aussehen würde. Welche Muster möchten Sie gerne bei sich (und vielleicht auch bei Ihrem Gegenüber) erkennen? Welches Verhalten wäre wünschenswert? Welche Worte lassen sich ersetzen, um Aussagen weniger einseitig zu gewichten (ohne gleich in einen Gendering-Wahnsinn zu verfallen)? In welchen Situationen fühlen Sie sich machtlos und wie wollen Sie hier zukünftig Stärke demonstrieren?

3. **Formen Sie Ihre Realität!** Dies ist sicherlich der schwerste Schritt von allen. Aber ohne Handlung bleibt jede schöne Vorstellung nicht mehr als eine Vorstellung. Sie müssen beginnen, Ihren neuen Mustern zu folgen. Dies kann auf vielfältig Art und Weise geschehen:

a. **Bei sich selbst:** Stellen Sie sich die Realität vor, wie Sie sie gerne hätten. Was wäre, wenn Sie beim nächsten Meeting, in dem Sie die einzige Frau sind, nicht die Vorstellungsrunde als „Ladies First" eröffnen müssten? Wenn Sie nicht gebeten werden, am Flipchart mitzuschreiben, weil „Sie einfach die schönste Schrift haben"? Wenn Sie nicht gefragt werden, wie Sie das mit den Kindern neben dem Job schaffen? Klingt verlockend? Dann stellen Sie sich die Realität vor, wie Sie sie gerne haben möchten! Halten Sie nicht an dem fest, was Sie stört. Sondern visualisieren Sie immer und immer wieder Situationen, in denen diese Muster nicht mehr auftauchen. Sie werden automatisch viel selbstbewusster und strahlen aus, dass Sie über diesen Dingen stehen. Ihr Unterbewusstsein zieht diese Situationen nicht weiter magisch an, weil Sie selbst nicht mehr daran festhalten. Ihr

Unterbewusstsein versteht, dass diese Muster für Sie nicht mehr wichtig sind, und filtert sie aus. Ich weiß, es klingt sehr esoterisch. Aber probieren Sie es aus! Sie werden fasziniert sein, wie gut das funktioniert.

b. **Bei anderen (Männern):** Ja, ich habe gesagt, dass Sie andere Menschen nicht verändern können. Jeder kann immer nur sich selbst ändern. Aber Sie können anderen helfen, das eigene Bewusstsein für nicht adäquate Situationen oder Handlungen zu schärfen. Sprechen Sie Muster an! Sagen Sie, wenn sich etwas für Sie nicht gut anfühlt. Konfrontieren Sie Ihr Gegenüber damit, dass Sie sich verletzt oder unwohl fühlen. Auch wenn es gerne behauptet wird, niemand kann Ihre Gedanken und Gefühle lesen. Sie müssen sie schon explizit aussprechen. Nur wenn Sie sagen, was Sie denken, gibt es eine Chance, dass andere Sie auch verstehen. Manchmal helfen auch (humorvolle oder ironische) Gegenfragen, um für die Absurdität gewisser Muster zu sensibilisieren. „Ich kann nicht genau erkennen, was mein Geschlecht damit zu tun hat?" oder „Wie ich das mit den Kindern machen? Einen Moment, da muss ich mal meinen Mann fragen …" oder „Danke für das Kompliment zu meinem Outfit. Sie tragen aber auch ein besonders schönes Hemd. Hat Ihnen Ihr Aussehen bei Ihrer Karriere eigentlich geholfen?"

c. **Gemeinsam mit anderen:** Suchen Sie sich Verbündete! Teilen Sie Ihre Gedanken, Muster und Fortschritte mit anderen Menschen. Es ist wissenschaftlich erwiesen, dass wir schneller und in den meisten Fällen überhaupt erst dann zum Erfolg kommen, wenn wir unseren Weg mit anderen teilen. Dies schafft eine Art Verpflichtung, die wir uns selbst gegenüber oft nur schwer hinbekommen. Wann immer Sie wieder in alte Muster zurückfallen, stellen Sie sich automatisch die Frage, was Ihre Mitstreiter:innen dazu sagen werden. Sie wollen sie ja nicht enttäuschen. Zudem entstehen in der Gruppe oft ganz neue, tolle Ideen, wie man mit bestimmten Situationen umgehen kann. Und gemeinsam kann man auch viel lauter und herzlicher über die Absurdität einiger Muster lachen als allein zuhause vor dem Spiegel.

Wichtig ist, dass Sie dranbleiben! Wir leben in einer Zeit der „Instant Gratification" (dt. sofortige Belohnung): alles scheint immer und überall sofort verfügbar. „Instant Coffee", „Instant Shopping", „Instant Pain Relief" usw. Sie ahnen es schon: auch hier ist ein unterbewusstes Muster am Werk. Wir unterliegen gerne dem **Instant Gratification Bias**, also der Vorstellung, dass das was wir sofort haben können, besser für uns ist, als das, wofür wir härter arbeiten oder länger warten müssen. Wir essen ungesunde Snacks, nur weil sie schnell verfügbar sind und uns kurzfristig ein gutes Gefühl verleihen. Wir kaufen haufenweise Zeug, weil es uns kurzfristig eine Belohnung verschafft – auch wenn wir eigentlich wissen, dass uns das alles nicht wirklich glücklicher macht. Um auch dieses Muster zu durchbrechen, brauchen wir Ausdauer, Disziplin und einen wirklich ehrlichen Wunsch etwas zu verändern. Wenn wir etwas bloß auf dem bewussten Level ändern wollen, dann ist es sehr wahrscheinlich, dass wir in alte Muster zurückfallen und am Ende wieder genau dort stehen, wo wir angefangen haben.

Wenn Sie dieses Buch lesen, dann hatten Sie hoffentlich Spaß und haben sicher an der ein oder anderen Stelle genickt. Aber verändert hat sich dadurch nichts! Solange Sie Ihren unterbewussten Mustern keine neuen

Abläufe entgegensetzen, wird sich nichts verändern. Wann immer es anstrengend wird, werden Sie wieder in alte Muster zurückfallen. Es scheint ja auch so viel leichter, sich kurz über die nervigen Männer in den Führungsetagen aufzuregen, als sich immer und immer wieder vorzustellen, wie eine gleichberechtigtere Welt aussehen würde und wie man diese selbst verändern kann. Aber genau darum geht es! **Wir müssen unsere unterbewussten Muster verändern – sonst ändert sich nichts.** Die Wissenschaft streitet sich, ob wir 30, 60 oder 90 Tage brauchen, bis unser Unterbewusstsein neue Gewohnheiten etabliert hat. Es sind aber sicher mehr als die berühmten „14-Tage-Diäten", die in Frauenzeitschriften so gerne gelobt werden. Die können schon aus dem zeitlichen Aspekt nicht funktionieren. Denn unsere unterbewussten Muster sind viel zu stark. Sie werden uns nach 14 Tagen ganz sicher in die alten Bahnen zurückführen. Alles andere kostet für unser Gehirn einfach zu viel Energie. Insofern braucht es Zeit und Ausdauer. Über Nacht passiert leider gar nichts. Erst wenn Sie selbst aktiv Ihre unterbewussten Muster wieder und wieder aufdecken und beginnen, diese zu verändern, wird sich auch die Realität nach und nach zu Ihren Gunsten formen.

Denn allen unterbewussten Verzerrungen zum Trotz: wir können uns ändern! Wenn wir uns nur immer wieder unseres Verhaltens bewusstwerden, überwinden wir auch vermeintliche Automatismen unseres Gehirns. Eine vielzitierte Studie aus der Schweiz zeigt, dass allein die Installation von Wasseruhren, die beim Duschen den tatsächlichen Verbrauch anzeigten, den Energieverbrauch um 22% senken konnte.[49] Wenn man sich sein Verhalten immer wieder bewusst macht, lässt es sich über die Zeit verändern.

Es gibt unzählige Selbsthilfebücher zur Rolle der Frau in der Berufswelt. Sie können Sie alle lesen. Aber wenn Sie nicht selbst aktiv werden, bringt Ihnen das ganze Wissen nichts. Also runter von der Couch und rein in eine bewusst gestaltete Arbeitswelt.

Aus der männlichen Perspektive:

Ok, ich gebe zu, das war jetzt eine Menge harter Tobak. Wenn man das Buch als Mann liest, hat man früher oder später das Gefühl, überhaupt nichts mehr richtig zu machen. Und wenn man sich so einseitig an die Wand gestellt fühlt, dann entwickelt man fast automatisch eine gewisse Reaktanz. Anstatt sich ernsthaft mit möglichen Verhaltensänderungen zu befassen, sucht man eher nach Erklärungen, warum das alles nicht stimmt oder zieht sich auf die Position zurück, dass es sich hier schließlich um unterbewusste Muster handelt, an denen man eh nichts ändern kann.

Die meisten Menschen wissen, dass Junkfood schlecht ist für sie und fahren doch zum Burgerladen. Alle wissen, dass wir Energie sparen müssen und doch brennt in jedem zweiten Büro das Licht nach Feierabend. Rein logisch haben wir alle längst verstanden, worauf es ankommt. Und dennoch handeln wir alle nicht konsequent danach – Männer wie Frauen.

Sind Männer denn wirklich an allem schuld?

Ich habe in diesem Buch aufgezeigt, dass wir alle von unterbewussten Mustern bestimmt werden – Frauen und Männer. Unsere Sozialisation zwingt uns Biases auf, die wir unterbewusst immer wieder abrufen – egal, zu welchem Geschlecht wir gehören. Es gibt nur einen entscheidenden Unterschied: Männer befinden sich in der Business-Welt zum Großteil in Machtpositionen und bestimmen daher maßgeblich mit, wie stark diese Biases weiterhin Bestand haben. Sie entscheiden, wen sie in den Club reinlassen und wen nicht. Und mit dieser Macht müssen sie verantwortungsvoll umgehen.

Es wäre sicher an vielen Stellen einfacher, so weiterzumachen wie bisher. *Never change a running system* heißt es doch so schön. Wenn die Männer nicht mitmachen, wird sich nichts ändern. Davon bin ich überzeugt.

Aber warum sollten Männer das tun? Aus Gutmenschentum? Aus wirtschaftlichen Zwängen? Aus moralischer Überzeugung?

Ja, das sind alles gute Gründe! Und manchmal hilft es ja auch, die Dinge weniger abstrakt zu betrachten. Anstatt sich vorzustellen, dass Sie einen Teil Ihrer Macht für „die Frauen" aufgeben, stellen Sie sich doch mal vor, Sie machen es für Ihre Tochter! Oder Ihre Nichte oder Ihr Patenkind oder Ihre Enkelin. Wollen Sie wirklich, dass sie weniger Chancen hat, erfolgreich zu sein als ihre männlichen Peers? Wollen Sie wirklich, dass sie sich immer minderwertig fühlt, wenn ein Kollege ihr unterbewusst zu spüren gibt, dass sie „nur" eine Frau ist? Wollen Sie wirklich, dass sie lernt, sich zu verstellen und zu adaptieren, damit sie möglichst lange im männlichen Machtgefüge überleben kann?

Wenn Sie auch nur eine der genannten Fragen mit „nein" beantwortet haben, sollten Sie sich überlegen, was Sie tun können, um die unterbewussten Biases möglichst rasch zu durchbrechen.

Und Sie sind damit in guter Gesellschaft. Eine Studie zeigt, dass Manager, die eine Tochter bekommen, Frauen im Schnitt 3% mehr Gehalt zahlen und selbst mehr Frauen einstellen.[50] Tun Sie es also nicht für „die Frauen" an sich, sondern für die weiblichen Potenzialträgerinnen in Ihrem unmittelbaren Umfeld.

Was soll ich denn jetzt genau machen?

Im Grunde gilt für Männer das Gleiche wie für Frauen auch. Werden Sie sich der unterbewussten Muster bewusst!

If you know better, you do better.

Achten Sie jeden Tag darauf, wo Sie oder Ihre Kollegen eine Annahme über Frauen zugrunde legen, die vielleicht auch falsch sein könnte. Machen Sie das Implizite explizit. Sprechen Sie drüber.

Und dann versuchen Sie, die Biases zu durchbrechen. Lassen Sie das „Ladies First" bei Vorstellungsrunden einfach weg. Versuchen Sie Ihren Kolleginnen nicht ständig zu sagen, wie Sie Dinge anders machen sollen, sondern überlegen Sie mal, ob deren Herangehensweise nicht vielleicht auch ans Ziel führen kann. Und ergreifen Sie Partei für Ihre Kolleginnen, wenn sie es selbst nicht können. Oft sind diese nämlich in der absoluten Unterzahl bzw. vollkommen allein und trauen sich nicht, ständig in Konfrontation zu gehen. Wenn ein Kollege also einen blöden Witz macht, lachen Sie nicht mit. Sondern machen Sie ihn darauf aufmerksam, dass Sie sein Verhalten nicht gut finden. Seien Sie mutig und sprechen Sie das an, was Ihnen auffällt. Machen Sie das Unterbewusste bewusst! Geben Sie dem Unausgesprochenen eine Stimme!

Ein weiteres, sehr wirkungsvolles Mittel ist es, stärker **auf seine eigene Intuition zu hören**. Das klingt im ersten Moment vielleicht seltsam, weil die schnelle, intuitive Wahrnehmung von Menschen die eigenen Vorurteile und Stereotype doch eigentlich sogar noch weiter bekräftigen müsste. Doch das Gegenteil ist der Fall: intuitiv erscheinen uns manche Menschen sehr sympathisch, obwohl sie beispielsweise sehr dominant gekleidet sind. Spontan empfinde ich Frau Schmidt als besonders durchsetzungsstark – obwohl sie gerade eher zurückhaltend wirkt.

Die intuitive Wahrnehmung kann widersprüchlich erscheinen und Widersprüchliches wiedergeben und ein „Einordnen" erschweren. Das intuitiv Wahrgenommene zeigt die ganze vielschichtige Palette menschlicher Möglichkeiten und ist daher weniger greifbar auf handhabbare Schubladen zu reduzieren.[51]

Während wir mit unseren Biases versuchen, alle Vertreter einer Gruppe in eine Schublade zu schieben, erlaubt es unsere Intuition einzelne dort schnell wieder rauszuholen. Wann immer Ihr erster Eindruck also widersprüchlich zur „gängigen Meinung" ist, gehen Sie diesem Eindruck bitte unbedingt nach! Die intuitive Wahrnehmung eines Menschen zielt immer auf dessen energetische Ausstrahlung ab und geht daher weiter über die reine Beobachtung, die unsere fünf Sinne erarbeiten, hinaus. Das mag für Sie jetzt etwas esoterisch klingen, aber vertrauen Sie mal auf die wertvollen Hinweise, die Ihr Unterbewusstsein Ihnen schickt. Sie werden sofort merken, dass unabhängig davon, wie homogen eine Gruppe Ihnen objektiv erscheint, Sie trotzdem in Sekundenschnelle sagen können, wem in dieser Gruppe Sie mehr vertrauen. Ihre Intuition, Ihr so genannter sechster Sinn, kann ein gutes Fenster zu Realität sein, sofern es Ihnen gelingt, Wahrnehmung und Wertung voneinander zu trennen. Schulen Sie Ihre intuitive, spontane, nicht wertende Wahrnehmung. Sie kann eine gute Verbündete beim Durchbrechen des Unconscious Bias werden.

Je nach Lebensphase: Nehmen Sie Elternzeit (mehr als zwei Monate) und ermutigen Sie die Männer in Ihrem Team längere Elternzeiten zu nehmen. Wir heißt es so schön? *Jedem Anfang wohnt ein Zauber inne.* Diese so besondere Zeit der Familiengründung oder -erweiterung muss genutzt werden, um auch die Aufgaben und Rollen von Anfang an neu zu sortieren. Studien zeigen, dass Paare, die sich die Elternzeit gleichberechtigt aufgeteilt haben, auch in den Folgejahren deutlich gleichberechtigter durchs Berufs- und Alltagsleben gehen. Nutzen und ermöglichen Sie diese Chance!

Und überprüfen Sie in Ihrer Partnerschaft mal, wer hier welche Rollen und Aufgaben hat. Vielleicht schaffen Sie es ja, Ihren unbewussten Bias-Schatten zu überspringen und Ihrer Partnerin nicht nur zu „helfen", sondern sich tatsächlich einige Aufgaben zu eigen zu machen. Und wenn es dadurch zu Unstimmigkeiten kommt, sprechen Sie die Biases an. Wenn ihre Frau meint, dass Sie das eh nicht können, konfrontieren Sie sie mit ihren unterbewussten Rollenklischees und geben Sie ihr vielleicht mal dieses Buch zum Lesen.

Wenn Sie zu der vielzitierten Gruppe der „alten, weißen Männer" gehören, ziehen Sie sich nicht beleidigt zurück. Versuchen Sie, Ihren anfänglichen Widerstand zu überwinden und versetzen Sie sich in die Lage derer, die Sie hier vermeintlich angreifen. Diese Personen haben sich ihr Geschlecht und die ihnen damit zugewiesene Rolle nicht ausgesucht. Genauso wenig, wie Sie sich ausgesucht haben, ein Mann zu sein. Es muss für viele Frauen wahnsinnig deprimierend und schmerzhaft sein, dass der einzige Faktor, den sie nicht beeinflussen können, ihre Karriere so maßgeblich beeinflusst. Werden Sie sich Ihrer Privilegien bewusst. Erkennen Sie Ihre Stereotypen und Biases und arbeiten Sie aktiv dagegen an. Nutzen Sie Ihre privilegierte Stellung, um eine gleichberechtigtere Welt für Männer und Frauen zu schaffen.

Und denken Sie immer daran: Gleichberechtigung folgt nicht der berühmten „80:20"-Regel. Gleichberechtigung heißt 50:50!

NIE MEHR „LADIES FIRST"

Die Gegenwart ist
keine potenzielle Vergangenheit,
sondern der Augenblick,
da wir uns zu entscheiden
und zu handeln haben.

Simone de Beauvoir

Für unsere Söhne

Bereits seit 1984 stellt Herbert Grönemeyer in regelmäßigen Abständen im Radio die Frage aller Fragen: „Wann ist ein Mann ein Mann?". Während es für die Generation, die mit diesem Lied aufgewachsen ist, eine noch einigermaßen klare Antwort auf die Frage gab, wird es für die heranwachsenden Männer zunehmend schwierig. Was erzählt man eigentlich seinen Söhnen, wenn alle Narrative nur noch auf Frauen ausgerichtet sind? Wie erzieht man einen Jungen, wenn man doch überall zu hören bekommt, dass das 21. Jahrhundert den Frauen gehört?

Unsere Söhne sollen mitfühlend, fürsorglich und familiär sein. Aber natürlich auch ein bisschen kämpferisch, mutig und frech. Sie sollen niemanden auf dem Schulhof ärgern – aber sich auch nichts bieten lassen. Wir wollen junge Männer, die am besten einen handwerklichen Beruf erlernen, aber nebenbei noch ein erfolgreiches Startup zur Klimarettung gründen. Wir suchen Väter, die sich liebevoll und dauerhaft um ihre Kinder kümmern und gleichzeitig ihr akademisch erworbenes Wissen nicht verschwenden, weil die Fachkräfte immer weniger werden. Unsere Söhne sollen die Traditionen und Errungenschaften ihrer Väter (und Mütter) ehren und gleichzeitig ein weniger zerstörerisches Lebensmodell für sich und den Planeten kreieren. Unsere Söhne sollten männlich sein – nur eben ein bisschen weiblicher. Dieser Widerspruch kommt Ihnen bekannt vor? Er wurde im Kapitel „Irgendwas dazwischen" sehr ausführlich beschrieben. Nur eben für die Frau von heute. Und so sehr einige heute ihre Wut und ihren Schmerz über die patriarchalischen Strukturen auch mit Kampfparolen in die Welt hinausschreien und die Männer am liebsten ganz abschaffen möchten, so sehr zeigt sich auch, dass dies keine Lösung ist.

Wollen wir ernsthaft eine umgekehrte Diskriminierung herbeiführen, nur damit die Männer jetzt auch mal ein paar Jahrhunderte spüren, wie es ist, wenn viele Biases und Machtverhältnisse gegen das eigene Geschlecht sprechen? Wer möchte seinem Sohn erklären, dass es gar nicht „so schlimm ist, ein Junge zu sein" und dass „es auch ein paar Vorteile gibt"?

Wenn wir uns eine gleichberechtigte Welt wünschen, dann muss in dieser Platz für alle sein. Dann müssen unsere Töchter und Söhne sich vorstellen können, Vorstandsvorsitzende und Kindererzieher zu werden. Dann müssen beide das Recht haben, sich um die Kinder kümmern zu dürfen und Karrieren zu gestalten. Dann müssen wir unseren Söhnen vorleben, dass beide Elternteile arbeiten – und zwar im Beruf und zuhause.

Wir müssen ihnen, so gut es nur geht, vorleben, wie Gleichberechtigung aussieht. Damit sie nicht mit den gleichen Genderklischees aufwachsen (müssen) wie wir. Im Kindergarten, in der Schule, im Sportverein, im Urlaub, am Frühstückstisch oder im Supermarkt. Unsere Kinder lernen aus unseren Taten – nicht aus unseren Worten.

Und wenn mein kleiner Sohn beim Anblick eines Fotos von mir mit meinem Kollegen völlig entsetzt und verwirrt fragt: „Mama, wo sind die anderen Frauen", dann weiß ich, dass sein Unterbewusstsein schon jetzt andere Bilder im Kopf entstehen lässt.

Geben wir unseren Söhnen ein neues Bild von Gleichberechtigung mit ins Leben. Ohne von „toxischer Männlichkeit" zu sprechen und sie in minderwertige Rollenbilder zu zwängen. Denn auch Grönemeyer sang schon vor fast 40 Jahren: „Männer sind auf dieser Welt einfach unersetzlich".

NIE MEHR „LADIES FIRST"

Man kommt nicht als Frau auf
die Welt, man wird es.

Simone de Beauvoir

Für unsere Töchter

Liebe Eltern, liebe Fachkräfte in Krabbelstuben und Kindergärten, liebe Lehrkräfte an Schulen und Universitäten, liebe Medienverantwortliche und Führungskräfte, liebe alle, die sich bislang noch nicht angesprochen gefühlt haben,

die in diesem Buch beschriebenen Rollenbilder und Stereotypen kommen nicht von einer „abstrakten Gesellschaft" oder einer unbekannten, unterbewussten Macht. Sie kommen von uns allen. Wir hören sie seit unserer frühesten Kindheit, erlernen sie und geben sie nahezu ungefiltert durch unser tägliches Handeln weiter. Unsere Töchter kommen nicht auf die Welt in dem Glauben irgendwie mangelhaft zu sein oder ihren Lebensweg auf eine mögliche Mutterschaft ausrichten zu müssen. Wir vermitteln ihnen diese Glaubenssätze. Natürlich in den meisten Fällen nicht bewusst und schon gar nicht gewollt. Aber wir tun es dennoch. Wir müssen alle bei uns selbst beginnen, wenn wir eine gleichberechtigtere Welt für unsere Töchter erhoffen.

Haben Sie schon mal ein Gespräch mit einem 23-Jährigen geführt, über das, was er im Leben erreichen will und dann die Aussage gehört „bis ca. Mitte Dreißig mache ich Karriere, dann kommen die Kinder und dann mal sehen." Natürlich wollen Männer auch oft gerne Väter werden. Aber in diesem Sachverhalt sehen sie keine logische Verknüpfung zu ihrer Karriere. Frauen schon.

Sie überlegen sich schon bei Ausbildungs- und Studienbeginn, wie familienfreundlich der Job ist und planen ihre Karriere meist so bis Mitte Dreißig. Weil danach ja durch die Kinder so oder so ein Bruch entsteht.

Solange wir unseren Töchtern unterbewusst vermitteln, dass eine Mutterrolle ihre Karriere behindern wird, dann wird sie das auch ganz sicher tun. Erlaubt euren

Töchtern von Beginn an größer und länger zu träumen. Ermutigt sie dazu, ihre Lebenspläne so zu entwickeln, wie es ein Mann tun würde – ohne Rücksicht auf die Mutterschaft. Was will sie im Leben erreichen? In welchen Positionen möchte sie sein? Welche Aufgaben hat sie inne? Welchen Unterschied möchte sie in der Welt machen? Und dann soll sie ihren Weg dorthin planen. Stück für Stück. Es ist wichtig, ein großes Ziel zu haben. Denn wenn sie dann vielleicht irgendwann mal Mutter wird, dann ist das ein Teil des Weges – aber nicht das endgültige Ziel. Kinder werden ihren Weg vielleicht verändern – aber nicht das, was sie erreichen möchte. Für alle, deren Lebenstraum die Mutterschaft ist, funktioniert die heutige Denke ganz gut und sie werden ein sehr erfülltes Leben führen. Aber alle jene, die von einer großen Karriere träumen (mit oder ohne Kinder), müssen gegen unterbewusste Muster der gesellschaftlichen Norm arbeiten. Ich glaube, dass viele Frauen sich auch deshalb nicht in Führungspositionen sehen, weil sie sich nie erlaubt haben, diese Vision für sich selbst aufzustellen.

Ich habe viele Gespräche mit Frauen in den unterschiedlichsten Berufen geführt: Lehrerinnen, Ärztinnen, Beraterinnen, Angestellte des Öffentlichen Dienstes, selbständige Unternehmerinnen usw. Alle mit Kindern, alle berufstätig. Und interessanterweise gab es nur einen entscheidenden Unterschied, ob sie Mutterschaft als „Karriereknick" empfanden oder nicht. Es waren nicht der Beruf selbst, nicht die Anzahl der Kinder oder die Dauer der Elternzeit. Es war nicht die Frage, ob das Unternehmen an Diversity glaubte oder nicht. Nicht die Tatsache, ob der Mann in Teilzeit oder Vollzeit arbeitete. Der einzig gemeinsame Nenner, der sich finden ließ, war die Frage, ob sie ein großes berufliches Ziel oder eine Vision für sich selbst vor Augen hatten oder nicht. Denn wenn ich weiß, wohin ich möchte, werde ich alle Hindernisse (ja, auch die Frage der Kinderbetreuung) aus dem Weg räumen. Ich werde Lösungen für die kleinen und großen Probleme im Beruf und Alltag finden, weil ich weiß, wofür ich kämpfe.

Also ermutigen wir unsere Töchter, groß zu träumen. Unterstützen wir sie dabei, einen Lebenstraum zu formulieren, der außerhalb der stereotypischen Geschlechterrollen liegt. Denn wo ein Wille ist, ist auch ein Weg. **Unsere Töchter brauchen ein Ziel, das größer ist als alle unterbewussten Muster, gegen die sie ankämpfen müssen.**

Helfen wir unseren Töchtern, in einer Welt groß zu werden, in der sie sich nicht gegen ihre „natürliche Rolle" stellen müssen. In der sie sich vollkommen fühlen, nicht *obwohl* sie eine Frau sind, sondern *weil* sie es sind. In der sie ihre Kraft und Kreativität nicht mehr für Genderdebatten einsetzen müssen, sondern zur Lösung der großen Herausforderung des 21. Jahrhunderts gleichberechtigt beitragen.

IT TAKES A VILLAGE TO WRITE A BOOK!

Dank

Vielen Dank an alle, die mich auf dieser Reise begleitet und unterstützt haben. Ohne euren Zuspruch, eure kritischen Anmerkungen und eure Ideen wäre das Buch nicht das, was es jetzt ist!

Mein besonderer Dank gilt Christian, Hanna, Nils, Diana, Thomas, Tiziana, David, Denise, Rezi, Jytte, Bob, Christie, Richard, Nadine, Winfried, Regina, Dominik, Claudia, Stefanie, Katharina, Petra und vielen mehr!

WER MEHR WISSEN WILL:

Quellen

1 Knaths, Marion (2007), Spiele mit der Macht. Wie Frauen sich durchsetzen, Piper

2 Deutscher Bundestag (2022) und AllBright Stiftung gGmbH (2022), Kampf um die besten Köpfe. Die Konkurrenz um Vorständinnen nimmt zu

3 Steeger, J.; Imdahl, I. (2022), Warum Frauen die Welt retten werden, Komplett Media

4 Falk, Armin (2022), Warum es so schwer ist, ein guter Mensch zu sein… und wie wir das ändern können: Antworten eines Verhaltensökonomen, Siedler

5 Kahnemann, D. (2011), Schnelles Denken, langsames Denken, Penguin Verlag

6 Wenninger, G. (2001). Lexikon der Psychologie,

Spektrum

7   Benson, Buster (2022), Cognitive bias cheat sheet. An organized list of cognitive biases because thinking is hard., busterbenson.com

8   Tajfel, H. (1970). Experiments in intergroup discrimination. Scientific american, 223(5), 96-103.

9   Sommer, Iris (2022), Gehirn, weiblich. Unterschiede wahrnehmen, Stereotypen überwinden, C.H.Beck

10   Kaiser, A. (2010), „Kevin ist kein Name, sondern eine Diagnose!", Der Vorname in der Grundschule–Klangwort, Modewort oder Reizwort, Die Grundschulzeitschrift, 24, 26-29

11   Grier, David Alan (2013), When Computers Were Human, Princeton: Princeton University Press

12   Marçal, Katrine (2021), The mother of invention, How good ideas get ignored in an economy built for men, Abrams Press, 71-90

13   Cuddy, A. J. C., Fiske, S. T., & Glick, P. (2004). When Professionals Become Mothers, Warmth Doesn't Cut the Ice. Journal of Social Issues, 60(4), 701–718

14   Kramer, K.Z., Pak, S. (2018), Relative Earnings and Depressive Symptoms among Working Parents: Gender Differences in the Effect of Relative Income on Depressive Symptoms. Sex Roles 78, 744–759 und Mattila, H. (2020). The social construction of stay-at-home

fathering across everyday spaces, Qualitative Psychology, 7(2), 185–205

15   Chesley, N. (2011), Stay-at-home fathers and breadwinning mothers: Gender, couple dynamics, and social change, Gender & society, 25(5), 642-664.

16   Diehl, M. (1990), The minimal group paradigm: Theoretical explanations and empirical findings, European review of social psychology, 1(1), 263-292.

17   Pineda, J. A. (Ed.). (2009), Mirror systems: The role of mirroring processes in social cognition, Springer Science & Business Medi

18   Olderdissen, Christine (2021), GENDER-leicht, Wie Sprache für alle elegant gelingt, Dudenverlag Berlin, S. 22

19   Stahlberg, D., Sczesny, S., & Braun, F. (2001), Name your favorite musician: Effects of masculine generics and of their alternatives in German, Journal of Language and Social Psychology, 20(4), 464-469

20   Bandura, A., Barbaranelli, C., Caprara, G. V., & Pastorelli, C. (2001), Self-efficacy beliefs as shapers of children's aspirations and career trajectories, Child development, 72(1), 187-206.

21   Olderdissen, Christine (2021), GENDER-leicht, Wie Sprache für alle elegant gelingt, Dudenverlag Berlin

22   Feingold, A. (1991), Sex differences in the effects of similarity and physical attractiveness on oppo-

site-sex attraction, Basic and Applied Social Psychology, 12(3), 357-367.

23 Karbowski, A., Deja, D., Zawisza, M. (2016), Perceived female intelligence as economic bad in partner choice, Personality and Individual Differences, Pages 217-222

24 Knaths, Marion (2007), Spiele mit der Macht. Wie Frauen sich durchsetzen, Piper

25 Van der Meij, L., Buunk, A. P., van de Sande, J. P., & Salvador, A. (2008), The presence of a woman increases testosterone in aggressive dominant men, Hormones and Behavior, 54(5), 640-644.

26 Kubu, C. S. (2018), Who does she think she is? Women, leadership and the 'B'(ias) word, The Clinical Neuropsychologist, 32(2), 235-251

27 Steeger, J.; Imdahl, I. (2022), Warum Frauen die Welt retten werden, Komplett Media

28 ebd

29 Derks, B., Van Laar, C., & Ellemers, N. (2016), The queen bee phenomenon: Why women leaders distance themselves from junior women, The Leadership Quarterly, 27(3), 456-469.

30 High status males invest more than high status females in lower status same-sex collaborators (plos.org)

31 Gmür, M. (2006), The genders stereotype of the ´good manager´. Sex role expectations towards male

and female managers, Management Revue, 17, 104

32   Fabritius, Friederike (2022), Flow@Work. Gehirngerecht führen - die besten Leute gewinnen und halten, Campus

33   Väterreport, Update 2021 (bmfsfj.de), S.15

34   Väterreport, Update 2021 (bmfsfj.de), S.11

35   Patricia Cammarata (2020), Raus aus der Mental Load-Falle. Wie gerechte Arbeitsteilung in der Familie gelingt, Beltz Verlag

36   Viele interessante Einblicke und wissenschaftliche Studien aus den letzten Jahrzehnten sind in folgendem Buch zusammengefasst: Peterson, Six (Hrsg.) (2008), Stereotype, Vorurteile und soziale Diskriminierung. Theorien, Befunde und Interventionen, Beltz Verlag

37   Gallup Inc. (2016), Women in America: Work and Life Well-Lived

38   AllBright Stiftung gGmbH (2022), Kampf um die besten Köpfe. Die Konkurrenz um Vorständinnen nimmt zu

39   ebd

40   LeanIn.Org und McKinsey & Company (2021), Women in the Workplace

41   AllBright Stiftung gGmbH (2022), Kampf um die besten Köpfe. Die Konkurrenz um Vorständinnen nimmt zu

42   Fabritius, Friedericke (2022), Flow@Work.

Gehirngerecht führen - die besten Leute gewinnen und halten, Campus

43 Albrecht, C., & Rude, B. (2022), Wo steht Deutschland 2022 bei der Gleichstellung der Geschlechter?, ifo Schnelldienst, 22, 01-11.

44 Banze, S., Buchhorn, E., Neßhöver, C. (März 2022), Die neue Kampfzone, Manager Magazin, 27-33.

45 Haberl, Tobias (2022), Der gekränkte Mann. Verteidigung eines Auslaufmodells, Piper

46 Maslow, A. (1943), Maslow's hierarchy of needs, Index of DOCS/Teacing Honululu.

47 Knaths, Marion (2007), Spiele mit der Macht. Wie Frauen sich durchsetzen, Piper

48 Ware, B. (2012), The top five regrets of the dying: A life transformed by the dearly departing, Hay House, Inc.

49 Tiefenbeck, V., Goette, L., Degen, K., Tasic, V., Fleischer, E., Lalive, R., Staake, T. (2018), Overcoming Salience Bias: How Real-Time Feedback Fosters Resource Conservation, Management Science 64 (3), 1458-1476

50 Ronchi, Maddalena, Smith, Nina (2021), Daddy's girl: Daughters, managerial decisions, and gender inequality, Job Market Paper

51 Bartels, M. (2002), Der intuitive Blick. Die Kunst der spontanen Wahrnehmung. Krummwisch